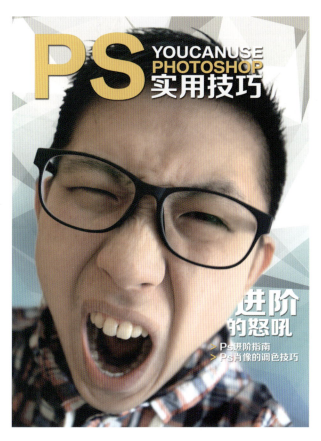

图 4-21 杂志封面最终效果

图 4-31 书签

图 5-45 艺术画笔效果

图 5-56　标志最终效果

图 5-57　字母特效

图 6-94　仪表盘的最终效果

图 6-95　摄像头镜头效果

图 8-100　播放动画

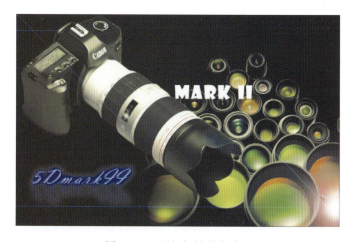

图 8-101　照相机的最终效果

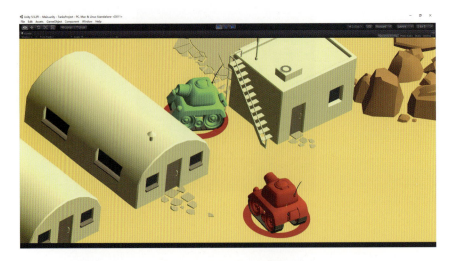

图 12-46　游戏运行效果图 1

图 12-47　游戏运行效果图 2

图 12-48　捕鱼达人之海底世界

普通高等教育"十一五"国家级规划教材

"十二五"职业教育国家规划教材
经全国职业教育教材审定委员会审定

多媒体技术及应用

第5版

主编 鲁家皓 张 捷

参编 孙 涵 章 怡 胡国胜 邱 洋 肖 佳

机械工业出版社

本书围绕培养学生的职业技能这一主线进行内容设计,并根据现有技术对上一版所涉及的知识、技术及案例进行了更新。全书共 12 章,主要包括多媒体与创意设计、声音素材的采集与制作、用屏幕截图软件采集素材、图像的处理与制作、图形的创意与设计、平面素材的综合设计、二维动画素材的处理与制作、三维动画素材的处理与制作、视频素材的采集与制作、视频的后期合成与制作、思维导图的设计与制作,以及虚拟现实的设计与制作等内容。

本书采用项目教学方式将知识点糅合到实际应用中,通过详实的步骤、丰富的配图以及直观的实操案例真实地还原了项目的实现过程,突显了"学中教,做中学"的职业教育特色。

本书既有基础知识的讲解,又有在基础上使用项目化教学来帮助读者深入学习的环节,既可作为高职院校多媒体、艺术设计等专业的教学用书,又可作为多媒体技术方面的培训教材,还可供对多媒体技术感兴趣的读者阅读参考。

本书配有微课视频,可扫码直接观看。其他授课电子课件和素材文件,需要的教师可登录 www.cmpedu.com 免费注册、审核通过后下载,或联系编辑索取(微信:15910938545,电话:010-88379739)。

图书在版编目(CIP)数据

多媒体技术及应用 / 鲁家皓,张捷主编. —5 版. —北京:机械工业出版社,2020.8(2022.5 重印)
"十二五"职业教育国家规划教材
ISBN 978-7-111-66319-5

Ⅰ.①多… Ⅱ.①鲁… ②张… Ⅲ.①多媒体技术-高等职业教育-教材 Ⅳ.①TP37

中国版本图书馆 CIP 数据核字(2020)第 146977 号

机械工业出版社(北京市百万庄大街22号 邮政编码100037)
策划编辑:王海霞 责任编辑:王海霞
责任校对:张艳霞 责任印制:常天培
北京机工印刷厂印刷

2022 年 5 月第 5 版·第 4 次印刷
184mm×260mm·13.25 印张·2 插页·324 千字
标准书号:ISBN 978-7-111-66319-5
定价:49.00 元

电话服务
客服电话:010-88361066
　　　　　010-88379833
　　　　　010-68326294
封底无防伪标均为盗版

网络服务
机 工 官 网:www.cmpbook.com
机 工 官 博:weibo.com/cmp1952
金 书 网:www.golden-book.com
机工教育服务网:www.cmpedu.com

高等职业教育系列教材
计算机专业编委会成员名单

名誉主任 周智文

主　任 眭碧霞

副主任 林　东　王协瑞　张福强　陶书中　龚小勇
　　　　　王　泰　李宏达　赵佩华　刘瑞新

委　员 （按姓氏笔画排序）

　　　　　万　钢　万雅静　卫振林　马　伟　王亚盛
　　　　　尹敬齐　史宝会　宁　蒙　朱宪花　乔芃喆
　　　　　刘本军　刘贤锋　刘剑昀　齐　虹　江　南
　　　　　安　进　孙修东　李　萍　李　强　李华忠
　　　　　李观金　杨　云　肖　佳　何万里　余永佳
　　　　　张　欣　张洪斌　陈志峰　范美英　林龙健
　　　　　林道贵　郎登何　胡国胜　赵国玲　赵增敏
　　　　　贺　平　袁永美　顾正刚　顾晓燕　徐义晗
　　　　　徐立新　唐乾林　黄能耿　黄崇本　傅亚莉
　　　　　裴有柱

秘书长 胡毓坚

出 版 说 明

《国家职业教育改革实施方案》（又称"职教 20 条"）指出：到 2022 年，职业院校教学条件基本达标，一大批普通本科高等学校向应用型转变，建设 50 所高水平高等职业学校和 150 个骨干专业（群）；建成覆盖大部分行业领域、具有国际先进水平的中国职业教育标准体系；从 2019 年开始，在职业院校、应用型本科高校启动"学历证书+若干职业技能等级证书"制度试点（即 1+X 证书制度试点）工作。在此背景下，机械工业出版社组织国内 80 余所职业院校（其中大部分院校入选"双高"计划）的院校领导和骨干教师展开专业和课程建设研讨，以适应新时代职业教育发展要求和教学需求为目标，规划并出版了"高等职业教育系列教材"丛书。

该系列教材以岗位需求为导向，涵盖计算机、电子、自动化和机电等专业，由院校和企业合作开发，多由具有丰富教学经验和实践经验的"双师型"教师编写，并邀请专家审定大纲和审读书稿，致力于打造充分适应新时代职业教育教学模式、满足职业院校教学改革和专业建设需求、体现工学结合特点的精品化教材。

归纳起来，本系列教材具有以下特点：

1) 充分体现规划性和系统性。系列教材由机械工业出版社发起，定期组织相关领域专家、院校领导、骨干教师和企业代表召开编委会年会和专业研讨会，在研究专业和课程建设的基础上，规划教材选题，审定教材大纲，组织人员编写，并经专家审核后出版。整个教材开发过程以质量为先，严谨高效，为建立高质量、高水平的专业教材体系奠定了基础。

2) 工学结合，围绕学生职业技能设计教材内容和编写形式。基础课程教材在保持扎实理论基础的同时，增加实训、习题、知识拓展以及立体化配套资源；专业课程教材突出理论和实践相统一，注重以企业真实生产项目、典型工作任务、案例等为载体组织教学单元，采用项目导向、任务驱动等编写模式，强调实践性。

3) 教材内容科学先进，教材编排展现力强。系列教材紧随技术和经济的发展而更新，及时将新知识、新技术、新工艺和新案例等引入教材；同时注重吸收最新的教学理念，并积极支持新专业的教材建设。教材编排注重图、文、表并茂，生动活泼，形式新颖；名称、名词、术语等均符合国家标准和规范。

4) 注重立体化资源建设。系列教材针对部分课程特点，力求通过随书二维码等形式，将教学视频、仿真动画、案例拓展、习题试卷及解答等教学资源融入到教材中，使学生的学习课上课下相结合，为高素质技能型人才的培养提供更多的教学手段。

由于我国高等职业教育改革和发展的速度很快，加之我们的水平和经验有限，因此在教材的编写和出版过程中难免出现疏漏。恳请使用本系列教材的师生及时向我们反馈相关信息，以利于我们今后不断提高教材的出版质量，为广大师生提供更多、更适用的教材。

机械工业出版社

前 言

本书是为满足高等职业教育学校学生对多媒体技术的学习需要而编写的。

本书有三大特点：第一，实用。书中介绍了多媒体素材的采集、制作和集成，更符合制作多媒体作品的需要。第二，易学。全书通过实例讲解，更容易被初学者接受。第三，采取"授之以鱼不如授之以渔"的教学理念，只突出各软件的主要知识内容，充分发挥授课教师及学生的自主性；通过项目化教学，有效激发学生的学习积极性。

本书第 5 版在以下几方面进行了修订：

1）每章分为"基础知识""项目""练习"3 部分，使学生在扎实的基础上进行项目化的学习。

2）第 4 章"图像的处理与制作"使用的软件升级到 Photoshop CC 版本，同时增加了制作"中国风-二十四节气"书签的项目，融入中国文化的内容。

3）第 5 章"图形的创意与设计"使用的软件升级到 Illustrator CC 版本。

4）增加第 11 章"思维导图的设计与制作"，介绍了多种适合读者的思维导图制作软件。

5）增加第 12 章"虚拟现实的设计与制作"，在基础知识之上，以 VR 游戏的制作为例，浅显易学。

本书配有微课视频，读者扫描书中二维码即可观看视频。本书配套资源中还包括本书的电子课件和素材。其中，电子课件以 PowerPoint 演示文稿的形式提供，均存放在"电子课件"文件夹下，教师可根据自己的教学需要进行修改。

本书由鲁家皓主编，具体编写分工如下：邱洋编写第 1 章，章怡编写第 2 章，鲁家皓编写第 3、4、5、6、7（除第 7.1 节外）、9、10 章，肖佳编写第 7.1 节，张捷编写第 8 章，胡国胜编写第 11 章，孙涵编写第 12 章。本书前 4 版作者孔令瑜为本书提供了素材并给出了诸多编写建议，上海食品公司等企业也为本书提供了优秀的素材，在此表示衷心感谢！

多媒体技术发展迅猛，书中难免存在错漏和不妥之处，请使用此书的教师和学生批评指正。

编 者

目　　录

出版说明
前言
第1章　多媒体与创意设计 1
　1.1　基础知识 1
　　1.1.1　什么是"多媒体" 1
　　1.1.2　多媒体的主要特性 1
　　1.1.3　多媒体的相关技术 2
　　1.1.4　设计基础 4
　1.2　项目1　在计算机中展现多媒体素材 8
　　1.2.1　素材的分类 8
　　1.2.2　素材的准备 8
　1.3　练习 11
第2章　声音素材的采集与制作 12
　2.1　基础知识 12
　　2.1.1　声音的三要素 12
　　2.1.2　主要的声音文件格式 12
　　2.1.3　采样频率、采样位数和声道数 14
　　2.1.4　MIDI音乐的波表合成 14
　2.2　项目2　手机铃声的制作（Audacity） 15
　　2.2.1　素材的准备 15
　　2.2.2　铃声的制作 18
　2.3　练习 22
第3章　用屏幕截图软件采集素材 23
　3.1　基础知识 23
　　3.1.1　自带截图功能 23
　　3.1.2　截图应用程序介绍 23
　　3.1.3　SnagIt 8截图软件介绍 24
　3.2　项目3　使用应用程序截取屏幕 25
　　3.2.1　静态屏幕的截取 25
　　3.2.2　截取网页中的图像 27
　　3.2.3　动态屏幕的截取 28
　3.3　练习 33
第4章　图像的处理与制作 34

4.1 基础知识 ··· 34
  4.1.1 色彩模式 ··· 34
  4.1.2 色彩调整（拾色器、HSB 模式与色轮图）························· 35
  4.1.3 图像分辨率 ··· 36
  4.1.4 图像文件格式 ··· 37
  4.1.5 矢量图与位图 ··· 39
  4.1.6 图纸的大小 ··· 40
4.2 项目 4 用扫描仪获取图像 ·· 40
4.3 项目 5 制作个性人物的杂志封面 ·· 42
4.4 项目 6 制作"中国风-二十四节气"书签 ······································ 47
4.5 练习 ··· 50

第 5 章 图形的创意与设计 ·· 51
5.1 基础知识 ··· 51
  5.1.1 出血线的设置 ··· 51
  5.1.2 多画板的设置 ··· 53
  5.1.3 图形的选择和编辑 ··· 54
  5.1.4 图形的绘制和修改 ··· 57
5.2 项目 7 标志的制作（Illustrator）·· 62
5.3 练习 ··· 64

第 6 章 平面素材的综合设计 ·· 65
6.1 基础知识 ··· 65
  6.1.1 图形的变换 ··· 65
  6.1.2 图形的对齐 ··· 67
6.2 项目 8 仪表盘的制作（Illustrator+Photoshop）······························· 68
  6.2.1 仪表盘外框的绘制 ··· 69
  6.2.2 平面素材的格式转换 ··· 73
  6.2.3 特效的绘制 ··· 75
  6.2.4 合成 ··· 84
6.3 练习 ··· 87

第 7 章 二维动画素材的处理与制作 ·· 88
7.1 基础知识 ··· 88
  7.1.1 什么是动画 ··· 88
  7.1.2 动画的制作流程 ··· 88
  7.1.3 Flash 动画的应用范围·· 90
  7.1.4 帧 ··· 91
  7.1.5 Flash 元件·· 92
  7.1.6 Flash 图层·· 93
7.2 项目 9 春联的制作（Flash）·· 93
  7.2.1 导入素材 ··· 93

	7.2.2 添加文字	95
	7.2.3 添加遮罩	96
	7.2.4 保存	97
7.3	练习	97

第8章 三维动画素材的处理与制作 …… 98

- 8.1 基础知识 …… 98
  - 8.1.1 拉伸图形 …… 98
  - 8.1.2 旋转图形 …… 100
  - 8.1.3 图形凹凸 …… 103
- 8.2 项目10 倒水的水壶制作（3ds Max+RealFlow） …… 106
  - 8.2.1 水壶建模 …… 106
  - 8.2.2 杯子建模 …… 113
  - 8.2.3 倾倒动画 …… 116
  - 8.2.4 流体制作 …… 119
  - 8.2.5 材质设定 …… 128
  - 8.2.6 渲染输出 …… 134
- 8.3 练习 …… 136

第9章 视频素材的采集与制作 …… 137

- 9.1 基础知识 …… 137
  - 9.1.1 视频采集 …… 137
  - 9.1.2 数码摄像 …… 138
- 9.2 项目11 影片剪辑合成（Premiere） …… 140
- 9.3 练习 …… 144

第10章 视频的后期合成与制作 …… 145

- 10.1 基础知识 …… 145
- 10.2 项目12 绽放烟花特效的制作（After Effects） …… 146
- 10.3 练习 …… 152

第11章 思维导图的设计与制作 …… 153

- 11.1 思维导图的基本概念 …… 153
  - 11.1.1 思维导图的概念 …… 153
  - 11.1.2 思维导图的构成元素 …… 154
  - 11.1.3 思维导图的基本作用 …… 156
- 11.2 思维导图的绘制方法 …… 156
  - 11.2.1 思维导图常用工具的介绍 …… 156
  - 11.2.2 思维导图的类别 …… 158
  - 11.2.3 思维导图的绘制方法 …… 160
- 11.3 项目13 思维导图的绘制（XMind） …… 161
- 11.4 练习 …… 166

第12章 虚拟现实的设计与制作 …… 167

- 12.1 虚拟现实的概念 ... 167
  - 12.1.1 虚拟现实的定义 ... 167
  - 12.1.2 虚拟现实的特征 ... 168
  - 12.1.3 虚拟现实的主要技术 ... 169
- 12.2 Unity3D 开发基础 ... 174
  - 12.2.1 Unity3D 的获取 ... 174
  - 12.2.2 Unity3D 编辑器窗口 ... 175
  - 12.2.3 Unity3D 图形界面 ... 179
  - 12.2.4 Unity3D 物理引擎和碰撞 ... 180
  - 12.2.5 Unity3D 场景资源 ... 180
  - 12.2.6 跨平台发布 ... 182
- 12.3 项目 14 虚拟现实游戏的制作 ... 183
  - 12.3.1 游戏介绍 ... 184
  - 12.3.2 游戏制作 ... 184
- 12.4 练习 ... 199

参考文献 ... 201

第1章 多媒体与创意设计

本章要点
- 什么是"多媒体"
- 多媒体的主要特性
- 多媒体的相关技术
- 印刷常识
- 设计基础

从本章开始,我们将一起进入生动活泼、多姿多彩的多媒体世界。在亲手制作多媒体作品之前,先来了解一些多媒体的基本知识。

1.1 基础知识

1.1.1 什么是"多媒体"

在信息化时代,人们用于存储和传递信息的载体就称为"媒体"。媒体有多种类型。

1)文字、声音、图像等能直接作用于人的感官,使人能直接产生感觉的媒体被归入"感觉媒体"类。

2)在计算机中以二进制编码形式存在和传输信息的媒体被归入"表示媒体"类,如语言编码、文字编码、图像编码等。

3)通过输入和输出设备的转换将信息呈现在人们面前的媒体被归入"显示媒体"类,如键盘、摄像机、光笔、话筒、显示器、打印机、放音设备等。

4)通过磁盘、纸张、磁带、光盘、闪存盘等载体存储信息的媒体被归入"存储媒体"类。

5)通过电话线、电缆、光纤等设备与他人共享信息的媒体被归入"传输媒体"类。

"多媒体"一词来自英文 Multimedia。由于现在的多媒体信息一般都是由计算机进行处理的,因此,这里所指的"多媒体",常常不是指"多媒体"本身,而主要是指处理和应用它的一整套技术。所以,"多媒体"实际上是"多媒体技术"的简称。而"多媒体技术"是指能够同时获取、处理、编辑、存储和展示两个以上不同类型信息的媒体技术。

1.1.2 多媒体的主要特性

多媒体技术涉及的对象是媒体,而媒体又是承载信息的载体,因此又被称为"信息载体"。所谓多媒体的特性,主要是指信息载体的多样性、集成性和交互性三个方面。

1. 多样性

（1）"感觉媒体"的多样性

计算机最初主要用于计算，随着计算机的逐渐普及，计算机所能处理的信息范围扩大到文本和图像，而这些都是视觉处理的范围。随着多媒体技术的发展，计算机所能处理的范围更是扩大到听觉和触觉。一个好的多媒体作品，往往是多种"感觉媒体"的集合。

（2）"表示媒体"的多样性

可根据不同媒体素材的特点，采用不同的压缩编码来适应存储与传输的需要。

（3）"存储媒体"的多样性

有磁盘介质、磁光盘介质、光盘介质和闪存盘介质等。

（4）"显示媒体"的多样性

输入设备由键盘、鼠标发展到扫描仪、触摸屏、数字化仪、各类游戏手柄等；输出设备有显示器、打印机、投影仪等。

（5）"传输媒体"的多样性

随着网络技术的发展，现在的多媒体信息不但可以单机欣赏，还可通过局域网或 Internet 等多种渠道与他人共享。

2. 集成性

多媒体的集成性是指处理多种信息载体集合的能力，是一次系统级的飞跃。硬件方面应具备与集成信息处理能力相匹配的设备和配置，软件方面应具备处理集成信息的操作系统和应用程序。一个好的多媒体作品，能同时包含文本、声音、图形、图像、动画、视频等媒体信息，它是多媒体信息和多媒体设备的高度统一。

3. 交互性

通俗地讲，多媒体的交互性就是使用者通过人机交互，能控制多媒体信息和设备的运行，增加对关键信息的注意和理解，并根据需要延长关键信息的停留时间。试想一下，假如买了一套学习软件，从它开始运行起，使用者就无法再控制它，只能由它"滔滔不绝"地讲解下去，即使没看懂也无法重复，那是多么令人失望！所以，没有交互性的多媒体技术是没有生命力的。正是多媒体有了交互性，使用者才能更快和更有效地获取信息。

1.1.3 多媒体的相关技术

1. 视频、音频数据压缩和解压缩技术

多媒体数据压缩及编码技术是多媒体系统的关键技术。多媒体系统具有综合处理声、文、图的能力，要求面向三维图形、立体声音、真彩色、高保真、全屏幕运动画面。为了达到满意的视听效果，要求实时地处理大量数字化视频、音频信息。而数字化的声音和图像数据量是非常大的。此外，在未压缩的情况下，实现动态视频及立体声的实时处理，目前的微机尚不能做到。因此，必须对多媒体信息进行实时压缩和解压缩。

数据压缩问题的研究已进行了 50 多年。到目前为止，已产生了 JPEG、MPEG 等针对不同用途的各种各样的压缩和解压缩算法，并产生了许多实现这些算法的大规模集成电路和软件。人们还在继续寻找更加有效的压缩算法及其软硬件实现方法。

2. 超大规模集成电路（VLSI）制造技术

进行声音和图像信息的压缩处理要求进行大量的、实时的计算。这样的处理，如果由通用计算机来完成，需要用中型计算机，甚至大型计算机。由于 VLSI（Very Large Scale Integration，超大规模集成电路）技术的发展，使得生产低廉的数字信号处理器（Digital Signal Processor，DSP）芯片成为可能。DSP 芯片是为完成某种特定信号处理设计的，在通用计算机上需要多条指令才能完成的处理，在 DSP 上仅用一条指令就可完成。DSP 芯片的价格只有几十到几百美元，但完成特定处理时的计算能力却与普通中型计算机相当。可以说，VLSI 技术为多媒体技术的普遍应用创造了必要条件。

3．大容量的光盘存储器

数字化的媒体信息虽然经过压缩处理，但仍包含了大量的数据。大容量光盘存储器 CD-ROM 和 DVD 的出现，正好适应了这样的需要。每张 CD-ROM 的外径为 5in（1in=2.54cm），可以存储约 700MB 的数据，并可像软磁盘片那样用于信息交换。而 DVD 的存储容量和带宽都明显高于 CD-ROM，存储容量最高可达 17GB（双层双面 DVD 盘片），最高传输速度也是 CD-ROM 的 2.7 倍。

4．多媒体同步技术

多媒体技术需要同时处理声音、文字、图像等多种媒体信息，在多媒体系统处理的信息中，各种媒体都与时间有着或多或少的依从关系。例如，在视频图像以 30 帧/秒的速率播放时，要求声音实时处理同步进行，为使声音和视频图像的播放不中断，就需要支持对多媒体信息进行实时处理的操作系统。同时，在多媒体应用中，通常要对某些媒体执行加速、慢放、重复等交互性处理。多媒体系统允许用户改变事件的顺序并修改多媒体信息的表现，各媒体具有本身的独立性、共存性、集成性和交互性。由于多媒体系统中不同的媒体信息在各自的通信路径上传输，将产生不同的延迟和损耗，造成媒体之间协同性的破坏，因此，媒体同步是一个关键问题。

5．多媒体网络和通信技术

多媒体通信技术包含语音压缩、图像压缩及多媒体的混合传输技术。为了能用一根电话线同时传输语音、图像、文件等信号，必须采用复杂的多路混合传输技术，而且要制定特殊的约定来完成。这种语音和数据同时传输的技术在美国被命名为 SVD（Simultaneous Voice and Data，语音数据同时传输）技术。

要充分发挥多媒体技术对多媒体信息的处理能力，必须与网络技术相结合。特别是在视频会议、医疗会诊等特殊情况下，要求许多人共同对多媒体数据进行操作，如不借助网络，这些都将无法实施。

6．多媒体计算机硬件体系结构的关键

多媒体计算机要快速、实时地完成视频和音频信息的压缩和解压缩、图像的特技效果（如改变比例、淡入淡出、马赛克等）、图形处理（图形的生成和绘制等）、语音信息处理（抑制噪声、滤波等）等任务，一定要采用专用的芯片。多媒体计算机专用芯片可归纳为两种类型：一种是固定功能的芯片，另一种是可编程的芯片。

7．超文本与超媒体技术

超文本是一种新颖的文本信息管理技术，是一种典型的数据库技术。它是一种非线性的结构，以节点为单位组织信息，在节点与节点之间通过表示它们之间关系的链加以连接，构成表达特定内容的信息网络，用户可以有选择地查阅自己感兴趣的文本。超文本组织信息的方式与人类的联想记忆方式有相似之处，因此可以更有效地表达和处理信息。若表达信息的方式不仅是文本，还包括图像、声音等，则称为超媒体系统。现在的网络大量地使用超文本，让使用者能够根据自己的需要浏览网络内容。

1.1.4 设计基础

1. 清晰易读，主题清楚

设计的最终目的是使版面清晰有条理性，用清晰的版面更好地突出主题，达到最佳表现效果。按照主从关系的顺序，放大的主体形象，作为视觉中心，以此表达主题思想。

为了使版面醒目突出，文字表达清晰，排版必须突出重点。如图 1-1 所示的 3 张图，对它们进行排版。当 3 张相似的图片排在 1 个版面中时，阅读起来会较为费力，如图 1-2 所示。但是，当使用一张画面纯净单一的图片，读者的注意力会相对集中，需要表达的主题也会更加清晰明确，如图 1-3 所示。

图 1-1　海滩

图 1-2　合并排版

图 1-3　独立排版

为了在版式设计中将主题表达清楚，要控制字体种类的数量，一个版面中不宜采用多种字体，设计重心可以在字体的大小、数量和其他方面，创造更多的对比和变化。图 1-4 采用了较多的字体种类，排版上无法体现重点，而图 1-5 采用了少量的字体种类，排版上通过字体的大小变化突出设计重点。

2. 突出重点，增加层次

在图 1-6 的 6 张图片中，读者第一眼看见的就是 1、3、5 号图片，因为这几张图片重点突出，所以过目难忘，在版式设计中需要突出重点，加强观者的印象。

多媒体技术及应用

多媒体技术及应用

多媒体技术及应用

多 媒 体 技 术 及 应 用

多 媒 体 技 术 及 应 用

多 媒 体 技 术 及 应 用

多 媒 体 技 术 及 应 用

多 媒 体 技 术 及 应 用

多 体 技 术 及 应 用

图 1-4　各类字体

图 1-5　少量字体

图 1-6　突出画面重点

在视觉传达的过程中，文字作为画面的形象要素之一，具有传达感情的功能，因而它必须具有视觉上的美感，能够给人以美的感受，并且突出重点，能够使观者产生良好的心理反应，传导出作者想表现的意图和构想。

以图 1-7 为例，此图中文字表达清晰明确，但是缺少层次，缺少活跃的感觉，略显沉闷。

图 1-7　混合排版 1

而在图 1-8 中，文字字号分为 4 种，以不同的透明度呈现出来，称为 4 种层级。此种排版，有突破感，是具有活力的排版。层级越多，版式越丰富，设计感越强。层级越少，版式越简约，阅读更方便。

图1-8　混合排版2

在图1-9中，对比2幅图，可以清晰看出，在版式设计的过程中，需要使用小字进行设计的，字间距的大小就显得非常重要了。如果字号小，那么字间距要大，这样观者才能清楚理解设计者的意图。

图1-9　字的间距

在图1-10中，对比2幅图，当字体较大，甚至占满图幅时，字间距就要小，这样的设计更加清晰明了。

图1-10　大字的设计

3．中心型版式，突出表达实物

当制作的平面图没有太多的文字，在主题明确的情况下可以使用中心型排版，突出中心物体，把观者的视线聚集，如图1-11所示。一般设计中采用纯色背景，如果想体现高端的感觉，可以采用渐变色的背景。

图1-11　中心型版式

4．分割型版式，引导读者视线

当设计中有多画面或者多图片出现时，利用分割型的排版设计，可以使画面的每个部分都是独立而突出的，产生很好的视觉引导和方向性，如图 1-12 所示。通过分割出来的体积大小也可以明确图片部分的主次关系，能根据设计而产生对比效果，使画面不单调。

图 1-12　分割型版式

5．倾斜型版式，增强版面活力

主体或者整体画面倾斜的排版，使画面有极强的韵律感，制作出的版式具有律动性、冲击性、不稳定性、跳跃性等效果。倾斜型版式产生一种活力和生机，因此如果觉得画面呆板，就可以将主体调整使之产生一定倾斜的角度。

6．骨骼型版式，保持画面严谨

通过有序的图文排序，可以使画面严谨统一，产生秩序感，在排版过程中，如果文字较多，通常采用骨骼型版式，如图 1-13 所示。但这样的排版也会产生一定的呆板感，可以通过字体变形或者图片倾斜来提高图片的活跃度。

图 1-13　骨骼型版式

1.2 项目1 在计算机中展现多媒体素材

1.2.1 素材的分类

多媒体素材是构成多媒体系统的基础。根据媒体的不同性质，多媒体素材一般被分为文字、声音、图形、图像、动画、视频、程序等类型。在不同的开发平台和应用环境下，即使是同种类型的媒体，也有不同的文件格式。不同的文件格式，一般通过不同的文件扩展名加以区分。熟悉这些文件格式和扩展名，对后面的学习将大有帮助。表 1-1 列举了一些常用媒体类型的文件扩展名。

表 1-1 多媒体文件扩展名

媒体类型	扩展名	说明	媒体类型	扩展名	说明
文字	.txt	纯文本文件	动画	.gif	图形交换格式文件
	.doc	Word 文件		.flc	Autodesk 的 Animator 文件
	.wps	WPS 文件		.flv	流媒体格式
	.wri	写字板文件		.fli	Autodesk 的 Animator 文件
	.rtf	Rich Text Format 文件		.swf	Flash 动画文件
	.hlp	帮助信息文件		.mmm	Microsoft Multimedia Movie 文件
声音	.wav	标准 Windows 声音文件		.avi	Windows 视频文件
	.wma	Windows Media Audio 格式文件	图形图像	.bmp	Windows 位图文件
	.mid	乐器数字接口音乐文件		.pcx	ZSoft 位图文件
	.mp3	MPEG Layer III 声音文件		.gif	图形交换格式文件
	.au（.snd）	Sun 平台声音文件		.jpg	JPEG 压缩的位图文件
	.aif	Macintosh 平台声音文件		.tif	标记图像格式文件
视频	.avi	Windows 视频文件		.eps	Post Script 图像文件
	.mov	QuickTime 视频文件	其他	.exe	可执行程序文件
	.mpg	MPEG 视频文件		.wrl	VRML 虚拟现实对象文件
	.dat	VCD 中的视频文件		.ram（.ra，.rm）	RealAudio 和 RealVideo 的流媒体文件

1.2.2 素材的准备

1. 文字素材的准备

文字素材是各种媒体素材中最基本的素材，文字素材的处理离不开文字的输入和编辑。文字在计算机中的输入方法很多，除了最常用的键盘输入以外，还可用语音识别输入、扫描识别输入及手写识别输入等方法。

目前，多媒体集成软件多以 Windows 为系统平台，因此准备文字素材时应尽可能采用 Windows 平台上的文字处理软件，如写字板、Word 等。Windows 系统下的文字文件种类较多，如纯文本文件格式（*.txt），写字板文件格式（*.wri），Word 文件格式（*.doc），Rich Text Format 文件格式（*.rtf）等。选用文字素材文件格式时要考虑多媒体应用软件是否能识别这些格式，以避免准备的文字素材无法插入到这些软件中。推荐大家尽量使用*.txt 和*.rtf 格式，因为大部分的多媒体应用软件都支持这两种格式。

有些多媒体应用软件中自带文字编辑功能，但功能毕竟有限，因此对于大量的文字信息,一般不宜在多媒体应用软件中输入,而是在前期就准备好。

文字素材有时也以图像的方式出现在多媒体作品中,如通过排版后产生的特殊效果可用图像方式保存下来。这种图像化的文字保留了原始的风格(字体、颜色、形状等),并且便于调整尺寸。

2. 声音素材的准备

多媒体作品中声音素材的采集和制作可以有以下几种方式。

1)某些软件(例如 Office、会声会影等)安装盘中提供了许多 WAV、MIDI 或 MP3 格式的声音文件。另外,市场上也有许多声音素材光盘出售。

2)通过计算机中的声卡,从话筒中采集语音生成 WAV 文件,如制作多媒体作品中的解说语音就可采用这种方法。

3)可从网络上下载各种格式的声音文件。

4)利用专门的软件抓取 CD 或 VCD 光盘中的音乐,再利用声音编辑软件对声源素材进行剪辑、合成,最终生成所需的声音文件。

5)通过计算机中声卡的 MIDI 接口,从带 MIDI 输出的乐器中采集音乐,形成 MIDI 文件;或用连接在计算机上的 MIDI 键盘创作音乐,形成 MIDI 文件。

声音文件除 WAV 和 MIDI 格式外,还有如 MP3、WMA 等其他高压缩比的格式。如果所使用的多媒体应用软件不支持此类格式,可用软件对各种声音文件进行格式的转换。

3. 图形图像素材的准备

生动的图像比文字更能引人注意。计算机中的图像都以 0 或 1 的二进制数据表示,因此比传统的图像更便于修改、复制和保存,这是它的一大优点。

数字图像可以分为以下两种形式:矢量图(Vector-based Image)和位图(Bit-mapped Image),如图 1-14 所示。

a)   b)

图 1-14 矢量图和位图

a) 矢量图 b) 位图

矢量图以数学方式来记录图像,一般都由软件制作而成。它具有两个优点:一是信息存储量小;二是在图像的尺寸放大或缩小过程中图像的质量不会受到丝毫影响,而且它是面向对象的,每一个对象都可以任意移动、调整大小或重叠,所以很多 3D 软件都使用矢量图。矢量图的缺点是用数学方程式来描述图像,运算比较复杂,而且所制作出的图像色彩显示比较单调,图像看上去比较生硬,不够柔和逼真。

位图以点或像素的方式来记录图像，因此图像由许许多多的小点组成。位图图像的优点是色彩显示自然、柔和、逼真。其缺点是图像在放大或缩小的转换过程中会产生失真现象，且随着图像精度的提高或尺寸的增大，所占用的磁盘空间也急剧增大。

图形图像的采集主要有下列几种途径：

1）用软件创作。常见的图形创作工具软件中，Windows"附件"中的"画笔"是一个功能全面的小型绘图程序，它能处理简单的图形。还有一些专用的图形创作软件，如 AutoCAD 用于三维造型，Visio 用于绘制流程图，CorelDRAW 用于绘制矢量图形，Photoshop 用于绘制二维图像等。

2）用扫描仪扫描。图像素材的采集还可通过扫描完成。高档扫描仪能扫描照片底片，得到高精度的彩色图像。

3）用数字照相机拍摄。由于数字照相机拍摄后创建的是数字图像，这就为图像采集带来极大的方便，而且成本较低。

4）用数字化仪输入。数字化仪用于采集工程图形，在工业设计领域用得较多。

5）从屏幕、动画、视频中捕捉。图像素材也可用屏幕抓图软件获得，抓图软件能抓取屏幕上任意位置的图像。用 VCD 或 DVD 软解压软件，能从 VCD 或 DVD 中抓取图像，进一步拓展了图像的来源。

6）素材光盘和网络下载。现在市场上有多种素材光盘，可直接使用或者修改后使用；网络上的图形图像更是一个取之不尽的宝库。

图形图像编辑软件很多，Photoshop 是公认的最优秀的专业图像编辑软件之一。CorelDRAW、Adobe Illustrator、Adobe Freehand 等也都是创作和编辑矢量图形的常用软件。

4. 动画素材的准备

对于过程事实的描述只依赖于文本信息或图形图像信息是不够的，为达到更好的描述效果，还需要利用动画素材。无论是二维动画还是三维动画，所创造的效果都能更直观、更详实地表现事物变化的过程。动画制作软件有 Autodesk 公司的 Animator（二维动画）和 3ds Max（三维动画）。3ds Max 是一个强大的动画制作软件，在 Windows 下运行，它对计算机硬件的配置要求较高，掌握它有一定的难度。

在网页制作中，使用更多的是 Gif 动画和 Flash 动画，它们最大的优点是文件存储量很小，特别适合网络传输。网络上有许多此类动画供下载。

在动画制作软件中，还有一些是专门用于某一方面的特技工具，如专门制作文字动画的软件 Cool 3D；专门制作物体变形的动画软件 Photomorph；专门用来将静态图片连接成动画的软件 Ulead GIF Animator 等。

5. 视频素材的准备

视频信息由一连串连续变化的画面组成，每一幅画面叫作一"帧"，这样一帧接一帧在屏幕上快速呈现，就形成了连续变化的影像。视频信息的主要特征是声音与动态画面同步。在电视或电影中播放的信息，就是视频信息。数字化的视频信息是表现力最强的媒体素材，其常见格式为 AVI。Microsoft 公司提供的 Windows Movie Maker 软件是一个视频采集播放工具，对于使用摄像机或数字照相机等设备录制的视频或音频，可通过 Windows Movie Maker 将它们转移到计算机中。除了使用自己录制的内容外，用户还可以在所创建的电影中导入现有的音频和视频文件。创建的电影可以电子邮件的方式传递给他人，让他人一起分享。

视频素材可通过视频压缩卡采集，把模拟信号转换成数字信号，然后通过专门用于视频创作和编辑的软件把图像、动画和声音有机地结合成为视频文件。

Ulead System（台湾友立资讯）推出的 Media Studio 是一个优秀的视频制作软件。而 Adobe 公司的 Premiere 则是功能强大的专业级视频处理软件，颇受多媒体创作者的喜爱。

视频素材也可以从 VCD 中直接截取，或用屏幕抓图软件录制。

6．其他素材的准备

课件中有时还需要调用外部程序，以实现特殊的功能，为此要建立外部程序这种特殊素材。这种程序素材就像专用的引擎，用以驱动数据及数据处理过程，实现课件的智能化。

1.3 练习

1. 多媒体技术具有什么主要特性？
2. 为什么在多媒体处理中必须解决视频和音频数据压缩和解压缩技术？
3. 多媒体素材有哪几种基本类型？每一种类型试举 3 种最常用的扩展名。
4. 试举 5 种获取声音素材的方法。
5. 试举 6 种获取图形图像素材的方法。

第 2 章　声音素材的采集与制作

本章要点
- 声音三要素
- MIDI 音乐的波表合成

第 2 章　声音素材的采集与制作

在多媒体制作中，适当地运用声音能起到文字、图像、动画等媒体形式无法替代的作用。通过语音，能直接而清晰地表达我们的语意；通过音乐，能调节环境气氛，引起使用者的注意。所以在多媒体制作中，声音是不可缺少的。

2.1　基础知识

日常生活中，人们与人打交道使用的感官有：视觉、听觉、味觉及触觉，其中只有听觉这一感官是人体本身主观无法屏蔽的，而其他则可以"不看、不尝、不摸"；然而在听觉中人们所需要通过生理器官捕获的则是一个重要元素——声音（Sound）。声音对于世界虽然不是必需的，但若缺少了声音，那世界一定是索然无味的。

当今社会，科学技术发展日新月异，各式各样的资讯、信息充斥着我们的世界，多媒体技术又是传播方式中的重要形式，通过图像元素直接地表达语意，利用声音元素调节气氛，声音甚至可以达到完美的境界，这都证明了声音在多媒体技术中不可缺少的地位。

2.1.1　声音的三要素

空气分子的振动传入人耳就形成声音。声音的组成包含 3 个要素，即音调、音强和音色。音调又称音高，与声音的频率有关，频率高则音调高，反之则低。人的听觉范围最低音调可达 20Hz，最高可达 20kHz。音强又称响度，即声音的大小，取决于声波振幅的大小。而音色则由混入基音的泛音所决定，每个基音都有其固有的频率和不同音强的泛音，从而使得每个声音具有特殊的音色效果。

2.1.2　主要的声音文件格式

1．波形声音

计算机只能处理数字化信息，而声音是一种连续变化的模拟量，因此必须对声音进行模/数转换，即对外界声音进行采样并量化。如图 2-1 所示，对声音波形的采样是按照一定的间隔不断地获取声波振幅的量值，从而使连续的声音波形转变为离散的数字量。对声音进行数字化处理所得到的结果就是数字化音频，又称波形声音。当需要时，可以再将这些离散的数字量转变为连续的波形，称为数/模转换。如果采样频率足够高，还原出来的声音基本上与原始声音没有什么差别。无论是音乐、语音还是自然界的任何声音，都能按波形声音采样、存储及还原。

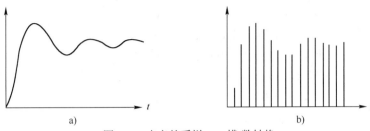

图 2-1 声音的采样——模/数转换
a）连续信号　b）离散信号

波形声音是最基本的一种声音格式，几乎所有多媒体应用软件都支持这种格式的声音文件，这是它最大的优点。波形声音文件最大的缺点是数据量大。

波形声音文件的扩展名是.wav。

2．MIDI

MIDI（Musical Instrument Digital Interface，乐器数字接口），是音乐和计算机相结合的产物。MIDI 是数字音乐的国际标准，它规定了不同厂家的电子乐器和计算机连接时，其连线、硬件以及设备间数据传输的协议。

MIDI 文件主要用于记录乐器的声音，它的制作方式类似于记谱。因此 MIDI 最大的优点是数据量小，如记录半小时的 MIDI 音乐只需 200KB 的存储空间，而同样时间的 CD 立体声波形文件则需要 300MB，两者所需存储空间悬殊。其缺点是：①不能处理除了乐器发出的声音外的一般声音，如人的声音和自然界的声音等；②播放质量取决于声卡中的 MIDI 合成器。大多数多媒体应用软件都支持 MIDI 音乐。

MIDI 文件的扩展名是.mid。

3．CD-DA 音频

CD-DA（Compact Disc-Digital Audio，激光数字唱盘）一般简称为 CD 唱片，而专业术语把它称为红皮书标准音频，它是一种数字化的声音。以 16 位，44.1kHz 频率进行采样，几乎可以达到完全再现原始声音的效果。在每一片 CD 唱片上能存放长达 72min 的高质量音乐。

大部分多媒体应用软件都不能直接处理 CD-DA 音频。

4．MP3 音乐

MP3 是一种数字音频压缩标准，全称为 MPEG I Layer 3（Moving Picture Experts Group Audio Layer III，动态影像专家压缩标准音频层面 3），是 VCD 影像压缩标准 MPEG 的一个组成部分。用该压缩标准制作储存的音乐就被称为 MP3 音乐。MP3 可以将高保真的 CD 声音以 12 倍的比率压缩，并可保持 CD 出众的音质。它最大的优点是音质好、数据量小。因此，MP3 音乐现已成为传播音乐的一种重要形式。

由于 MP3 是经过压缩产生的文件，因此需要用 MP3 播放软件进行还原。互联网上有许多 MP3 播放软件可供下载，如 WinAmp（下载地址为http://www.winamp.com）。另外，许多硬件生产厂商也生产了许多小巧玲珑的数字 MP3 播放机，可供用户下载及播放 MP3 音乐。随着MP3 音乐的普及，现在的多媒体应用软件都已能直接支持 MP3 文件的播放。

MP3 文件的扩展名是.mp3。

5. WMA 音乐

WMA（Windows Media Audio）是微软力推的数字音乐格式。微软在开发自己的网络多媒体服务平台上主推 ASF（Audio Steaming Format，高级串流格式）。这是一个开放的、支持在各种各样的网络和协议上进行数据传输的标准，它支持音频、视频以及其他一系列的多媒体类型。而 WMA 相当于只包含音频的 ASF 文件。WMA 在压缩比上进行了优化，使其在相同音质条件下，文件容量可以变得更小，压缩速度也更快。凭借微软强大的实力和在软件上的垄断地位，与 MP3 音乐一样，WMA 音乐正成为网络和 MP3 播放软件中的主要存储格式。

WMA 文件的扩展名是.wma。

2.1.3 采样频率、采样位数和声道数

要使计算机能对声音进行处理，用户必须首先安装声音卡（一般简称声卡）。声音卡对声音的处理质量可以用 3 个基本参数来衡量，即采样频率、采样位数和声道数。采样频率是指单位时间内的采样次数。采样频率越大，采样点之间的间隔就越小，数字化后得到的声音就越逼真，但相应的数据量就越大。声音卡一般可以提供 11.025kHz（一般称为"电话质量"）、22.05kHz（一般称为"收音质量"）和 44.1kHz（一般称为"CD 音质"）3 种不同的采样频率。采样位数是记录每次采样值大小的位数。采样位数通常有 8 位或 16 位两种，采样位数越大，所能记录声音的变化程度就越细腻，相应的数据量就越大。采样的声道数是指处理的声音是单声道还是立体声。单声道在声音的处理过程中只有单数据流，而立体声则需要左、右声道的两个数据流。显然，立体声的效果更好，但相应的数据量是单声道数据量的 2 倍。表 2-1 列出了各种声音文件的数据量。

表 2-1 声音文件的数据量

采样频率/kHz	采 样 位 数	声 道 数	数据量/（MB/min）
11	8	单	约 0.63
	8	双	约 1.26
	16	单	约 1.26
	16	双	约 2.52
22	8	单	约 1.26
	8	双	约 2.52
	16	单	约 2.52
	16	双	约 5.05
44	16	单	约 5.05
	16	双	约 10.09

无论质量如何，声音的数据量都很大。如果不经过压缩，声音的数据量可由下式推算：

数据量=（采样频率×每个声道采样位数×声道数）÷8（bit/s）

2.1.4 MIDI 音乐的波表合成

用多媒体计算机播放 MIDI 音乐时，其声音质量主要取决于声音卡中的 MIDI 合成器。早期声音卡采用 FM（Frequency Modulation，调频）合成技术，它是运用特定的算法来简单模拟真实乐器声音。其主要特点是电路简单、生产成本低，不需要大容量存储器支持即可模拟出多种声

音。由于 FM 是靠算法来合成某个声音，不可能生成丰富的泛音音色，因此所生成的声音与真实乐器产生的声音距离很大，往往有不真实的感觉。而现在常用的是波表合成器（也称采样回放合成器），它的原理是把一小段真实的乐器声音或效果音响用数字采样的方式"录"下来，然后播放 MIDI 时再对它进行修饰、放大和输出。由于它采用的是真实的乐器声音，因此比 FM 合成效果要真实得多。音乐采样好坏以及音色库的大小决定了波表可以放出 MIDI 音乐的质量。好的声音卡播放 MIDI 音乐可以达到 CD 音质，但相应的波表存储容量也需要更大。

波表有硬波表和软波表两种。硬波表是把各种乐器的波形（也就是音色库）放到声音卡的 ROM 里，在播放 MIDI 时调用出来，再通过声音卡上的声音处理器合成后播放出声音。软波表，顾名思义，就是用软件来模拟硬件波表合成器。软波表是把音色库放在硬盘的一个文件里，在启动软波表时，文件会被调入系统内存，通过 CPU 运算、调用及合成，播放出 MIDI 音乐。硬波表价格较贵且不易升级，但占用系统资源少且性能稳定；软波表成本低、可升级，但占用过多的系统资源。

最新的声音卡，采用 DLS（Downloadable Sound，可下载声音）波表合成技术，声音卡上没有固定的波表，而是将波表存储在硬盘上，使用时将波表样本调入声音卡的存储器或调入系统内存，使用专用的音效芯片来处理。它结合了软波表和硬波表的特点，已成为新一代声音卡的标准。

2.2 项目 2 手机铃声的制作（Audacity）

本项目将利用现有的音乐文件制作一段手机铃声，时间长度为 15s 左右，便于以个性化来电铃声区分不同来电人员。

2.2.1 素材的准备

1）打开 Audacity 软件，在菜单栏中执行"文件"→"打开"命令（快捷键〈Ctrl+N〉），弹出"选择一个或多个音频文件"对话框，选择之前已准备好的音频文件（Audacity 支持 WAV、MP3、WMA 格式），单击"打开"按钮，打开该音频文件，如图 2-2 所示。

图 2-2 "选择一个或多个音频文件"对话框

2）试听一下被打开的文件，检查是否有问题，有时扩展名一致的文件的解码方式却不同，导致最终项目完成失败。单击工具栏中的 按钮试听，找到想要的其中某段的起始位置并单击 按钮，当完成后会在起始位置形成一条"竖线标记"，表示下一次可编辑部分的起始端，如图2-3所示。

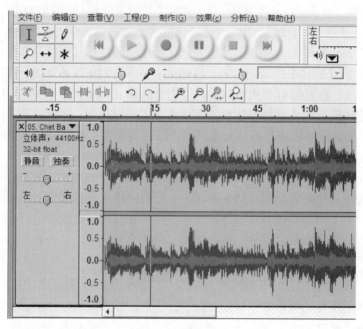

图2-3　设置起始端

3）在刚才选取的起始端位置单击开始选取波形，可以参考时间轴上的刻度。本项目中需要选择15～30s，如图2-4所示。

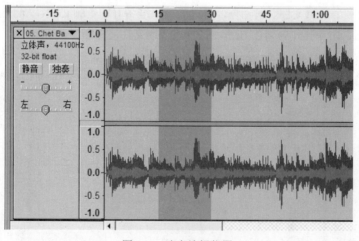

图2-4　选中编辑位置

4）在菜单栏中执行"编辑"→"拷贝"菜单命令（快捷键〈Ctrl+C〉），如图2-5所示。再执行"文件"→"新建"菜单命令（快捷键〈Ctrl+N〉），创建一个新的工作区，并在新工作区执行"编辑"→"粘贴"菜单命令（快捷键〈Ctrl+V〉），如图2-6所示。

16

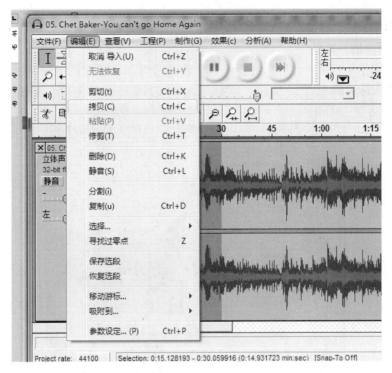

图 2-5 "拷贝"命令

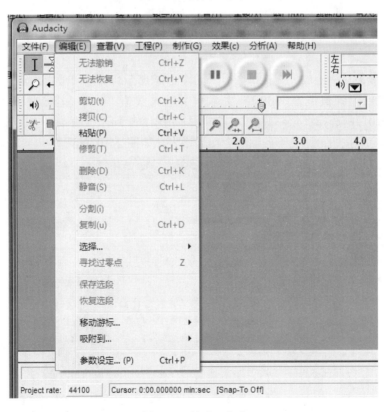

图 2-6 "粘贴"命令

2.2.2 铃声的制作

1. 提高（降低）音量

因为素材用于手机铃声，所以需要提高原素材的音量，在刚才新建的工作区中，可以对该文件进行后期编辑工作。执行"编辑"→"选择"→"全部"菜单命令（快捷键〈Ctrl+A〉），如图 2-7 所示。

图 2-7 "选择"→"全部"命令

再执行"效果"→"放大"菜单命令，如图 2-8 所示。弹出"放大"对话框，向右滑动滑块或者在"新建峰值振幅（dB）"文本框中输入数值"10"（若要降低音量则填入负值，例如"-10"），选择"允许剪辑"复选框，如图 2-9 所示。再单击"试听"按钮，试听完毕单击"确定"按钮，原波形的幅度会明显增大，如图 2-10 所示。

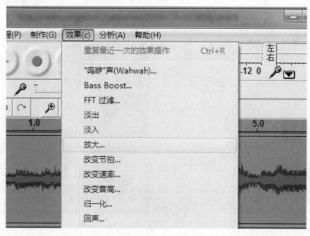

图 2-8 "放大"命令

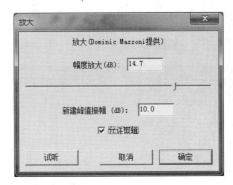

图 2-9 "放大"对话框

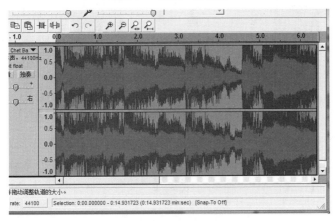

图 2-10 音量增大后的幅度

2. 淡入（淡出）音量

由于起始音乐没有进行淡入处理，因此必须从波形的起始端选中至 0.3s 处，然后执行"效果"→"淡入"菜单命令，软件会使选中部分的波形幅度（音量）逐渐"由小变大"，如图 2-11 所示。

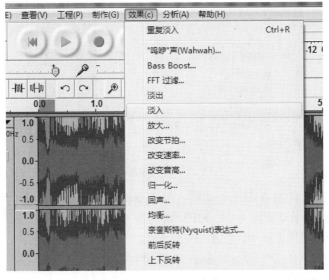

图 2-11 "淡入"命令

19

接着到文件最后选中尾部的 0.3s 区域，执行"效果"→"淡出"菜单命令，此时波形的幅度（音量）将逐渐"由大变小"，如图 2-12 所示。

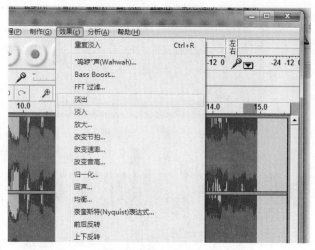

图 2-12 "淡出"命令

3．导出（保存）文件

当所有后期制作完成后，就可以导出刚才的文件了。软件预设了 WAV、MP3、Ogg 共 3 种格式，而大多数手机支持 MP3 格式，故执行"文件"→"导出为 MP3"菜单命令，如图 2-13 所示。

图 2-13 "导出为 MP3"命令

弹出"将 MP3 文件另存为"对话框，输入新的文件名后，单击"保存"按钮，如图 2-14 所示。由于提供了处理 LAME MP3 编码器方式的入口，因此可以将从网上下载的 LAME 编码文件复制到计算机中，如图 2-15 所示。

单击"是"按钮，弹出"lame_enc.dll 在哪里？"对话框，复制编码文件后，单击"打开"按钮，如图 2-16 所示。

图 2-14 "将 MP3 文件另存为"对话框

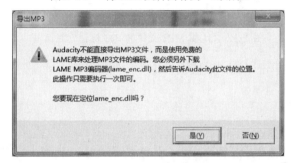

图 2-15 定位 LAME 编码文件

图 2-16 "lame_enc.dll 在哪里?"对话框

选择完成后弹出"编辑 MP3 文件的 ID3 标记"对话框，选择"ID3v3（更灵活）"单选按钮，在"标题"文本框中输入"自制手机铃声"。"艺术家"和"曲目"文本框中也可以自行输入内容，"注释"文本框中输入"个人自制 15 秒钟手机铃声"，如图 2-17 所示。

图 2-17 "编辑 MP3 文件的 ID3 标记"对话框

所有设置完成后，单击"确定"按钮，铃声文件将开始自动编码。

2.3 练习

用本书配套资源中的"圣诞钟声.wav"作为背景音乐，录制一段自己编写的解说词，然后完成下列操作。

1）对解说词做降噪处理。
2）调整解说词与背景音乐的音量之比。
3）给解说词添加混音及回声。
4）合成输出。

第 3 章　用屏幕截图软件采集素材

本章要点
- 静态屏幕的截取
- 动态屏幕的截取

屏幕截图是指将屏幕图像转换为图像或视频文件。它可分为静态屏幕截取和动态屏幕截取两种：静态屏幕截取得到的是一个个静态的图像文件；动态屏幕截取能把屏幕图像及使用者的操作都记录下来，最后获得能还原屏幕图像及操作的视频文件。

屏幕截图的应用非常广泛，其中一个最主要的应用就是计算机各种软件的介绍和教学。通过截取软件界面图像，能使软件的介绍及教学更形象、更直观。本书绝大部分插图就是通过屏幕截图获得的。其他如游戏界面、设置成不能下载的图像或文字等，都能用屏幕截图的方式加以保存。

3.1　基础知识

3.1.1　自带截图功能

Windows 系统本身就具有"屏幕截图"的功能，只须按〈Print Screen〉键或〈Alt+Print Screen〉组合键即可获取屏幕图像。但这种方法有两个局限：

1）截取的图像存放在剪贴板中，只能以剪贴板文件格式（*.clp）存储，如希望以其他格式存储，必须粘贴到其他应用程序中才能进行。

2）截取的范围太单一，只有整屏截取和窗口截取两种，无法满足如部分截取或菜单截取等特殊要求。

3.1.2　截图应用程序介绍

近期，许多屏幕截图软件应运而生，比较有名的如 Printkey、HyperSnap、SnagIt、Camtasia Studio 等。

其中 Printkey 截图软件是免费软件，无须注册，任何公司或个人都可以直接使用。除了免费这个优点外，此软件的最大特点是程序小巧，占据系统资源少，因此是较常用的一种屏幕截图软件。而 HyperSnap 和 SnagIt 都是功能很强的截图软件，但占据系统资源也较多，本章主要介绍 SnagIt，因为相比之下它的功能更多一些。而 Camtasia Studio 是一款动态屏幕截图软件，在本章第 3.2.3 节会对其作进一步介绍。

截图软件尽管种类繁多，但基本操作大致相同，一般的过程是：启动截图软件→设置截取参数→调出屏幕图像→按截图快捷键→预览结果→保存图像文件→关闭截图软件。

3.1.3 SnagIt 8 截图软件介绍

SnagIt 8 是 TechSmith 公司的产品。此软件所占存储空间较大，但功能强大，主要表现在以下几个方面。

1）对象的捕捉功能强大。不仅支持静态图像捕捉，还支持包含声音的动态视频采集功能。

2）界面直观，操作方便。如图 3-1 所示，SnagIt 8 采用了 Windows 经典的窗口布局样式，而软件中的各个功能按钮也被制作成类似 Windows 文件夹图标的样式，用户打开软件就好像直接在 Windows 操作系统的某个文件夹窗口中操作一样。与传统的界面布局样式相比，这种设计无疑会大大提高软件的亲和力。截图前，首先在"方案"选项组中选择所需的捕获方案；假如有特殊需要，在"方案设置"选项组中设置相应参数；最后单击"捕获"按钮或按〈Ctrl+Shift+P〉组合键开始捕捉画面。

图 3-1 SnagIt 8 主界面

3）截图方式灵活多样。在"输入"下拉列表中，可选择图像的多种截取方式，如图 3-2 所示，如屏幕、窗口、激活窗口、范围、固定范围、菜单、滚动等。在滚动方式下还可以选择各种自动滚动方式，此功能特别适合于 Web 页及较长的下拉列表的截取。

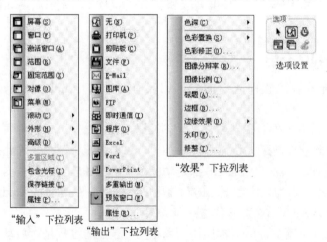

图 3-2 SnagIt 8 方案设置选项

4）输出方式独特。在"输出"下拉列表中，可选择多种输出方式，如打印机、剪贴板、文件、电子邮件、Office 办公软件等。

5）效果功能强大。在"效果"下拉列表的"色深"选项中，可将图像色彩转换成单色图、网点图或灰度图。在"色彩置换"选项中，可将图像色彩反转或进行自定义颜色替换。另外还可给图像添加标题、边框、水印等。

6）特有的图像编辑功能。单击 SnagIt 8 主界面左方的"SnagIt 编辑器"按钮，会出现如图 3-3 所示的窗口。窗口左侧提供了绘图工具，窗口右侧提供了给图像添加效果及调整各种参数的选项，使用非常方便。

7）特有的图像浏览器利于文件管理，这样完善的文件管理功能在其他截图工具中是不多见的。

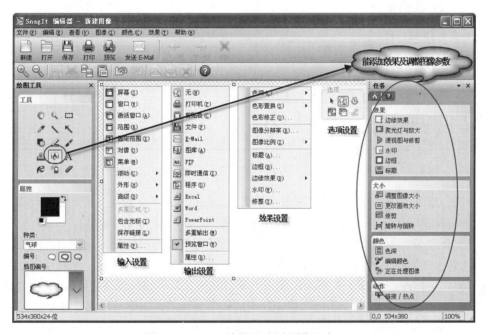

图 3-3 "SnagIt 编辑器-新建图像"窗口

3.2 项目 3 使用应用程序截取屏幕

3.2.1 静态屏幕的截取

1）启动。启动 SnagIt 8。

2）选择捕捉类型。在 SnagIt 8 主界面中，单击右下角"捕获"按钮左边的下拉按钮，从下拉列表的 4 种基本类型中选择一种，如图 3-4 所示。

图 3-4 4 种基本捕获类型

其中，"文本捕获"能将屏幕上的文字转换成能编辑的文本（一般的文字截取功能截取的是图像文件，不能编辑文字）。本操作中，选择"图像捕获"命令。

3）设置输入选项。方法1是在"方案"选项组中单击"滚动窗口（Web页）"按钮。方法2是在"方案设置"选项组的"输入"下拉列表中依次选择"滚动"→"自动滚动窗口"选项，如图3-5所示。可在上述两种方法中任选一种。

4）设置输出选项。在"方案设置"选项组的"输出"下拉列表中选择"文件"选项。

【提示】 在"输出"下拉列表中选择"属性"选项后，可在"输出属性"对话框中设置输出文件的格式，如图3-6所示。

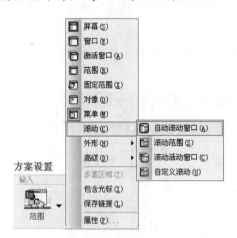
图3-5 设置捕捉选项

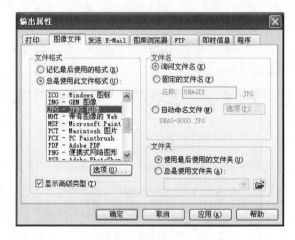
图3-6 设置输出文件的格式

5）调出屏幕图像。打开资源管理器中的"Program Files"文件夹（假如此文件夹中内容较少，不出现滚动条，也可选择其他较长的文件夹，以便能看到滚屏效果）。

6）捕捉及预览图像。按〈Ctrl+Shift+P〉组合键，出现手形标记，选择右面的文件列表窗口后，马上开始捕捉并出现"SnagIt 捕获预览"窗口，如觉得不满意，再重复此步骤。

7）编辑、修改。如图3-7所示，①用"项目编号工具"添加说明文字；②用"破损边缘"效果工具添加如图效果；③用"聚光灯与放大"工具放大局部及降低背景亮度。

图3-7 对捕获图像进行编辑（部分图像）

8）保存。修改结束后，有两种保存方法。方法1是用"文件"→"另存为"菜单命令，以*.snag格式存储，它分层保留了原始底图及插入的各图案对象，因此能对各图案对象进行增与删，但其他图形编辑软件不能打开此文件。方法 2 是用各种图像文件格式保存结果，如图 3-8 所示。在 SnagIt 8 版本中，特别增加了 PDF 电子文档格式，以适应办公自动化的需要。请以"SnagIt 实例 1.snag"和"SnagIt 实例 1.jpg"为文件名存入相应文件夹。

【提示】 如不执行第 7 步，则可在"预览"窗口中用"文件"→"另存为"命令直接存储。

图 3-8 SnagIt 8 支持的图像文件格式

3.2.2 截取网页中的图像

截取网页中的图像是一种常用操作，但当图像较多时，一个个下载很费时间。SnagIt 8 提供智能截取网页图像功能，能根据所设置的深度将网页中的所有图像截取下来。

1）启动。启动 SnagIt 8。

2）选择捕捉类型。在 SnagIt 8 主界面中，选择"方案"选项组"其他捕获方案"中的"来自 Web 页的图像"选项。

3）设置输出选项。在"输出"下拉列表中选择"文件"选项。

4）截取图像。单击"捕获"按钮，弹出如图 3-9 所示的对话框。输入捕获地址后（本例中地址为"http://www.kanqq.com/15/index.htm"），再单击"确定"按钮，开始捕获图像。经过一段时间后，会弹出如图 3-10 所示的"Web 捕获统计"对话框，显示捕获统计数据。

图 3-9 输入捕获地址

5）浏览下载图像。捕获结束后，会自动转入"SnagIt 图库浏览器-www.kanqq.com"窗口，如图 3-11 所示，可选择相应文件夹浏览下载图像。

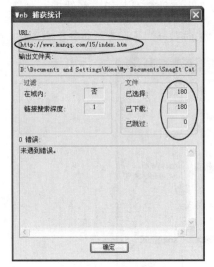
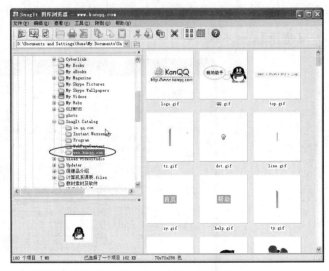

图 3-10　显示捕获统计数据　　　　　　　　图 3-11　浏览下载图像

3.2.3　动态屏幕的截取

所谓"动态屏幕的截取"包含两层意思：第一，它能记录过程，即把屏幕图像及使用者的操作都记录下来；第二，截取后生成的是视频文件，即最后获得的是能还原屏幕图像及操作的视频文件。

SnagIt 8 和 Camtasia Studio 4 软件都能截取动态屏幕，而且都是 TechSmith 公司的产品。但 SnagIt 8 截取后只能生成 AVI 格式的文件，而且无编辑功能；而 Camtasia Studio 4 除了能生成多种不同格式的输出文件外，还能对视频进行编辑，因此功能比 SnagIt 8 强大得多，推荐使用 Camtasia Studio 4 截取动态屏幕。

本例中，将正在播放的一段视频——模拟网络视频，用 Camtasia Studio 4 截取后，转存为 RM 格式文件，步骤如下。

1）启动 Camtasia Studio 4，如图 3-12 所示（除了通过 Camtasia Studio 进行录制外，还可直接启动 Camtasia Recorder，如图 3-13 所示，这种方式不会启动"向导"）。

图 3-12　启动 Camtasia Studio 4　　　　　　图 3-13　直接启动 Camtasia Recorder

2）"启动向导"之一：选择"通过录制屏幕开始一个新方案"，如图 3-14 所示。

3）"启动向导"之二：选择"屏幕区域"单选按钮，这是一种最灵活的录制方式，如图 3-15 所示。

4）"启动向导"之三："选择屏幕区域"这一步可暂不做，等录制时再选择，如图 3-16 所示。

图 3-14　从启动向导中选择一个方案

图 3-15　选择录制的区域类型

5)"启动向导"之四：选中"录制音频"复选框，如图 3-17 所示。

图 3-16　选择屏幕区域

图 3-17　选择是否录制音频

6)"启动向导"之五：在"记录来源"选项组中，选择"手动输入选择"→"立体声混音"，如图 3-18 所示。

7)"启动向导"之六：调节音量大小，如图 3-19 所示。

图 3-18　选择音频源

图 3-19　调节音量大小

8)"启动向导"之七：完成向导设置，如图 3-20 所示。

9)在"Camtasia 录像器"窗口中，执行"捕获"→"区域"菜单命令，如图 3-21 所示，"Camtasia 录像器"有"屏幕""窗口""区域"和"固定区域"4 种捕获类型。

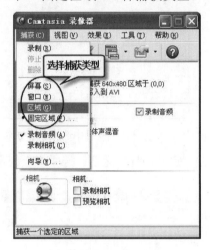

图 3-20 完成向导设置　　　　　　　　图 3-21 选择捕获类型

10)执行"工具"→"选项"菜单命令，如图 3-22 所示，在"工具选项"对话框的"捕获"选项卡中，选择"另存为 AVI"单选按钮。

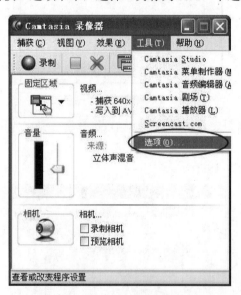
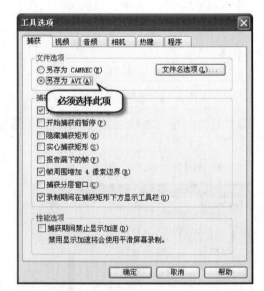

图 3-22 选择输出文件类型为"另存为 AVI"

11)切换至"视频"选项卡，假如选择"手动"单选按钮，则还可以重新设置"屏幕捕获帧率"和"视频压缩"等参数，如图 3-23 所示。

12)切换至"热键"选项卡，设置录制及停止录制的快捷键，如图 3-24 所示。

13)完成上述设置后的"Camtasia 录像器"窗口如图 3-25 所示。（"启动向导"的目的是指导初学者，能根据提示设置"录制区域"和"音频源"等关键参数。操作熟练者完全可跳过"启动向导",直接打开 Camtasia Recorder 后再设置。)

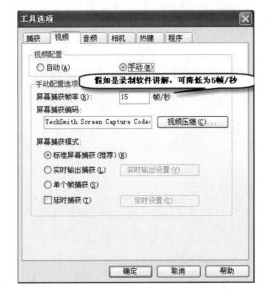

图 3-23 "视频"选项卡

图 3-24 "热键"选项卡

14)捕获前,还有一步非常重要的操作,就是禁止播放器的硬件加速,否则截取后是黑屏图像。启动"Windows Media Player"播放器后,执行"工具"→"选项"菜单命令,弹出"选项"对话框,如图 3-26 所示,在"性能"选项卡中,将"视频加速"滑块拖动到最左侧的"无"处。

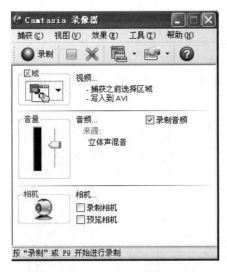

图 3-25 "Camtasia 录像器"窗口

图 3-26 禁止播放器的硬件加速

15)在"Windows Media Player"播放器中,打开配套资源中的"预告片.mp4"文件(此操作完全是为了模拟网络视频的播放,否则可直接在 Camtasia Studio 中导入,不需要执行截取过程)。

16)按〈F9〉快捷键后,再用鼠标画出截取范围,就启动了截屏操作,如图 3-27 所示。在截取范围下方的工具条中有"暂停"和"停止"按钮。

31

17）按〈F10〉快捷键或直接在工具条中单击"停止"按钮，会出现预览界面。单击"保存"按钮后，修改文件名保存即可（这是一个过渡形式的文件，约 40MB，截屏结束后可删除），如图 3-28 所示。

图 3-27　截屏界面　　　　　　　　　　　图 3-28　预览界面

18）保存结束后将出现如图 3-29 所示的对话框，选择"编辑我录制的内容"单选按钮后，就打开"Camtasia Studio"编辑窗口，如图 3-30 所示。

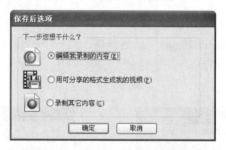

图 3-29　"保存后选项"对话框

图 3-30　"Camtasia Studio"编辑窗口

19）在"Camtasia Studio"编辑窗口中，操作者可在视频轨中插入多段视频，还可对视频进行编辑。

20）导出 RM 格式文件：在"Camtasia Studio"编辑窗口中，选择"生成视频为"选项，将弹出如图 3-31 所示的"生成向导"对话框，从中选择"自定义产品设置"单选按钮。

21）随后选择"RM-RealMedia 流媒体"单选按钮，如图 3-32 所示。

 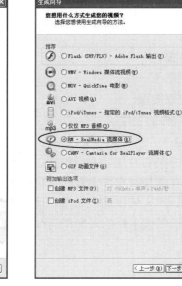

图 3-31　生成向导（一）　　　　　图 3-32　生成向导（二）

22）之后出现的对话框都可选取默认值，最后以"动态截屏.rm"为文件名保存。用"文件浏览器"检查，此文件只有 1.13MB 大小，而原文件是 3.73MB。

3.3　练习

1．Windows 系统本身具有哪两种屏幕截图方式？其快捷键分别是什么？
2．SnagIt 8 中有哪 4 类基本截图方式？
3．SnagIt 8 中自带了"图像编辑器"，其优点是什么？
4．请举出 3 种用 Camtasia Studio 截取动态屏幕后能生成的文件类型。
5．请自己设计一个用 Camtasia Studio 截取动态屏幕的方案，然后直接启动 Camtasia Recorder 截取，最后用多种格式（如 SWF、AVI、RM、Quick Time 等）输出，并比较它们之间容量的大小及播放质量的优劣。

第4章 图像的处理与制作

本章要点
- 色彩模式
- 图像分辨率
- 图像文件格式
- 矢量图与位图
- 用扫描仪获取图像
- Photoshop 软件的使用

图像包含的信息具有直观、易于理解、信息量大等特点。在多媒体制作中，图像也是最常用的媒体，它不仅能使用户界面赏心悦目，也用于多媒体作品内容的表达。在某些场合，图像可以表达文字、声音等媒体所无法表达的含义。因此，合理、适当地运用图像是制作多媒体作品的关键，而图像素材的采集与制作也就成了一项非常重要的工作。

4.1 基础知识

4.1.1 色彩模式

1. RGB 模式

RGB 模式是利用红（Red）、绿（Green）、蓝（Blue）3 种基本颜色进行颜色加法，可以配制出绝大部分肉眼可以看见的颜色，主要用于彩色电视机和计算机显示器的显示。RGB 模式的色彩数可用"色彩位数"来表示，分别有 8 位（256 种颜色）、16 位（65 536 种颜色）、24 位（16 777 216 种颜色）等。当达到或超过 24 位色彩数时就称为"真彩色"，真彩色可以用于制作高质量的彩色图像。采用 24 位色彩数时，R、G、B 的取值范围为 0～255。值越低，颜色越深；值越高，颜色越浅。

2. CMYK 模式

CMYK 模式主要用于印刷业，与 RGB 模式正相反，它采用颜色相减方式。CMYK 模式以四色处理为基础，分别是青（Cyan）、品红（Magenta）、黄（Yellow）、黑（Black），用这 4 种油墨来叠加出各种颜色。CMYK 的取值范围为 0%～100%。值越低，颜色越浅；值越高，颜色越深。

3. HSB 模式

HSB 模式以人类对颜色的感觉为基础，用色相（Hue）、饱和度（Saturation）和亮度（Brightness）3 种基本向量来表示颜色。其中，色相用于调整颜色，取值范围为 0°～360°。饱和度指颜色的纯度，其真实含义是指掺杂灰色的多少，当取值为 100%时，不掺杂任何灰色；当取值为 0%时，是纯灰色。亮度指光源所发的光的强弱。

4.1.2 色彩调整（拾色器、HSB 模式与色轮图）

色彩调整在图像处理中占有极其重要的地位。图像文件一般都采用 RGB 模式或 CMYK 模式，但在 Photoshop 图像处理软件中用"拾色器"调整颜色时，默认的却是 HSB 模式，如图 4-1 所示。这是因为人类大脑对色彩的直觉感知，首先是色相，即看到的颜色大概是红、黄、绿、青、蓝、紫中的一个，其次才是它的深浅度。HSB 模式就是由这种感知方式而产生的，它把颜色分为色相、饱和度和亮度 3 个要素。色相就是颜色，而颜色的深浅度就由饱和度（S）和亮度（B）来体现。

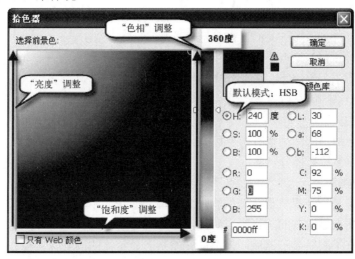

图 4-1 默认模式：HSB

如图 4-1 所示，当在"拾色器"中调整"色相"时，可在"色相"条上目测调节，也可在"H"文本框中输入数字调节。当用数字调节时，就必须掌握色轮图的概念。如图 4-2 所示，色轮图中既有 RGB 模式中的红、绿、蓝，也有 CMYK 模式中的青、品红、黄。两种模式的颜色相间而放，表示了这两种模式之间的关系：一种模式中的颜色由另一模式的两种颜色混合而成。6 种颜色之间相隔 60°，所以图 4-2 中的"240°"就代表蓝色。假如需要纯蓝，则饱和度和亮度必须都取 100%，否则就是掺杂了其他的颜色成分。人眼能区分的绝大多数颜色都可用这些颜色混合而成。

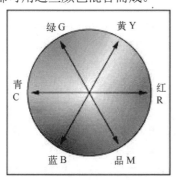 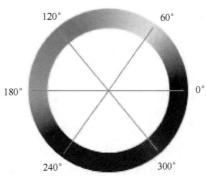

图 4-2 色轮图

色轮图中，饱和度大小由距圆心的距离而定：圆的边缘饱和度最大（100%），圆心饱和度最小（0%）。

由于 HSB 模式有 3 个参数，因此可以用如图 4-3 所示的三维模型来表示。纵轴就是"亮度"参数：纵轴下方暗，纵轴上方亮。

4.1.3 图像分辨率

图像分辨率的高低直接影响图像质量的好坏。显示、打印或扫描的图像都由像素点构成，而像素点的密度决定了分辨率的高低。图像分辨率的单位是 dpi（dots per inch）或 ppi（pixels per inch），都表示每英寸（in，1in=2.54cm）显示的像素点。如某图像的分辨率为 300dpi，则该图像的像点密度是每英寸 300 点。dpi 或 ppi 的数值越大，像点密度越高，图像的细节表现力就越强，清晰度也越高。

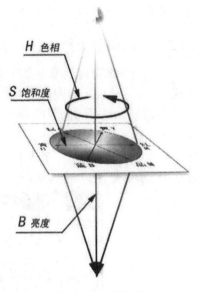

图 4-3　三维模型

根据应用场合的不同，图像分辨率可分为 5 种类型：显示器分辨率、屏幕分辨率、图像分辨率、打印分辨率和扫描分辨率。

1．显示器分辨率

显示器分辨率是指计算机显示器的物理分辨率，即在显示器屏幕上的荧光粉点数或像素数。过去人们只注意显示器的荧光粉点距，没有注意显示器的荧光粉点数，因此听起来有点不习惯。但自从有了液晶显示器后，人们就开始熟悉显示器的固有像素点数和显示器本身的分辨率了。因此，显示器分辨率就是在生产制造时加工出来的显像小单元的数量，这种显像小单元对 CRT（Cathode Ray Tube，阴极射线管）显示器来说是指屏幕上的荧光粉点，对液晶显示器和等离子显示器来说是指显示屏上的像素。

显示器分辨率的高低，既可以用规格代号表示，如 XGA 和 WXGA 等，也可以用"水平像素数×垂直像素数"的数字表示法，如 1024 像素×768 像素、1280 像素×800 像素等。

【提示】　XGA（Extended Graphics Array，1024 像素×768 像素，纵横比 4∶3）
　　　　　WXGA（Wide Extended Graphics Array，1280 像素×800 像素，纵横比 16∶10）

2．屏幕分辨率

屏幕分辨率是指实际显示图像时计算机所采用的分辨率。在 Windows 操作系统中，可在计算机"控制面板"的"显示"选项中设置屏幕分辨率，它可以小于或等于显示器分辨率。

【提示】　显示器分辨率描述的是显示器自身的像素点数量，每台显示器只有一种固有分辨率，它是不可改变的；而屏幕分辨率可根据需要自己设置。

屏幕分辨率的表达方式与显示器分辨率的表达方式相同，也是用分辨率规格代号或"水平像素数×垂直像素数"的数字表示法来表示。同时，屏幕分辨率还可以用每英寸像素数（ppi）来表示，如 72ppi 或者 96ppi 等。但是，用这种方式来表示屏幕分辨率并不可靠，因为随着屏幕尺寸的不同，同一 ppi 的实际屏幕像素点会有很大差别。

3. 图像分辨率

图像分辨率是指在计算机中保存和显示的每一幅具体数码图像所具有的分辨率。图像分辨率的表达方式也是"水平像素数×垂直像素数"。除图像分辨率这种称呼外，也可以叫作图像大小、图像尺寸、像素尺寸和记录分辨率等。在同一屏幕分辨率的情况下，分辨率越高的图像像素点越多，显示的图像尺寸和面积也越大，占据的磁盘空间也越大。

4. 打印分辨率

打印分辨率是指通过计算机输出图像信号到打印机进行打印时，用户在计算机上所选择的分辨率。计算机将按这个参数输出图像信号，打印机按照设定的分辨率进行打印，因此打印分辨率也叫输出分辨率。

具体来说，打印分辨率是指"在单位长度上具有的像素数量"。长度单位可以是厘米、英寸等，但一般以用英寸为多。在使用英寸作为长度单位时，打印分辨率的单位是 ppi（pixels per inch），即每英寸长度上有多少个像素。打印分辨率的规格有很多，常见的有 100ppi、150ppi、200ppi、300ppi 和 600ppi 等。这个参数越大，说明打印的图像的像素密度越高，图像越精细，清晰度越高。

5. 扫描分辨率

扫描分辨率是指扫描仪的解析极限，单位也是 dpi。扫描分辨率纵向由步进电动机的精度所决定，横向则由感光元件的密度所决定。

一般台式扫描仪的分辨率有两种表示方法：第一种是光学分辨率，指的是扫描仪硬件所真正扫描到的图像分辨率，目前可以达到 1200~2400dpi；第二种是插值分辨率（一般称"最大分辨率"），这是通过软件强化以及内插补点之后所产生的分辨率，大约为光学分辨率的 3~4 倍左右。所以当见到一台号称分辨率为 9600dpi 的扫描仪时，先要看清楚这是光学分辨率还是插值分辨率。

在扫描图像前所做的设置，将影响到最后图像文件的质量和使用性能。而其中很重要的一步就是确定扫描分辨率，它取决于图像将以何种方式显示或打印。若扫描图像用于屏幕显示，则扫描分辨率不必大于显示器分辨率，即一般不超过 120dpi。但大多数情况下，扫描图像是为以后在高分辨率设备上输出而准备的，此时就需要采用较高的扫描分辨率。如果图像扫描分辨率过低，图像处理软件可能会用单个像素的色值去创造一些半色调的点，这会导致输出的效果非常粗糙。反之，若扫描分辨率过高，则数字图像中会产生超出打印所需要的信息，例如采用高于打印机网屏分辨率两倍的扫描分辨率产生的图像，在打印输出时就会使图像色调的细微过渡丢失，导致打印出的图像过于呆板。

4.1.4 图像文件格式

图像文件格式即图像文件存放的格式，通常有 JPEG、TIFF、RAW、BMP、GIF、PNG 等。由于数字照相机拍摄的图像文件很大，储存容量却有限，因此图像通常都需要经过压缩再储存。

1. JPEG 2000 格式

JPEG 2000 同样是由 JPEG 组织负责制定的，它有一个正式名称叫作"ISO 15444"，与 JPEG 相比，它是具备更高的压缩率以及更多新功能的新一代静态图像压缩技术。

JPEG 2000 作为 JPEG 的升级版，其压缩率比 JPEG 高约 30%。与 JPEG 不同的是，

JPEG 2000 同时支持有损压缩和无损压缩，而 JPEG 只支持有损压缩。无损压缩有利于保存一些重要图片。JPEG 2000 的一个极其重要的特征在于它能实现渐进传输。这一点与 GIF 的"渐显"有"异曲同工"之妙，即先传输图像的轮廓，然后逐步传输数据，不断提高图像质量，让图像由朦胧到清晰显示，不再像 JPEG 由上到下慢慢显示。

此外，JPEG 2000 还支持所谓的"感兴趣区域"特性，可以任意指定影像上感兴趣区域的压缩质量，还可以选择指定的部分先解压缩。JPEG 2000 和 JPEG 相比优势明显，且向下兼容，因此可取代传统的JPEG 格式。

JPEG 2000 可应用于传统的 JPEG 市场，如扫描仪、数字照相机等，亦可应用于新兴领域，如网络传输、无线通信等。

2．TIFF 格式

TIFF（Tag Image File Format，标签图像文件格式）是Mac（苹果公司开发的个人消费型计算机）中广泛使用的图像格式，由 Aldus 和微软联合开发，最初是出于跨平台存储扫描图像的需要而设计的。其特点是图像格式复杂、存储信息多。TIFF 格式存储的图像细微层次的信息非常多，图像的质量较高，所以有利于原稿的复制。

该格式有压缩和非压缩两种形式，其中压缩可采用 LZW（Lemple-Ziv-welch，三个人名）无损压缩方案存储。但是，由于TIFF 格式结构较为复杂，兼容性较差，因此有时软件可能不能正确识别 TIFF 文件（现在绝大部分软件都已解决这个问题）。目前在 Mac 和 PC 上移植 TIFF 文件也十分便捷，因而 TIFF 现在也是微机上广泛使用的图像文件格式之一。

3．PSD 格式

PSD（Photoshop Document）是著名的 Adobe 公司的图像处理软件Photoshop 的专用格式。PSD 其实是 Photoshop 进行平面设计的一张"草稿图"，它里面包含有各种图层、通道、遮罩等多种设计的样稿，以便于下次打开文件时可以修改上一次的设计。在 Photoshop 所支持的各种图像格式中，PSD 的存取速度比其他格式快很多，功能也很强大。

4．PNG 格式

PNG（Portable Network Graphics，可移植网络图形）是一种新兴的网络图像格式。1994年年底，由于 Unysis 公司宣布 GIF 拥有专利的压缩方法，要求开发 GIF软件的作者必须缴纳一定的费用，因此促使免费的PNG图像格式的诞生。

PNG 具有四个特点：第一，吸取了 GIF 和 JPEG 两者的优点，存储形式丰富，兼有 GIF 和 JPEG 的色彩模式；第二，能把图像文件压缩到极限以利于网络传输，但又能保留所有与图像品质有关的信息，因为 PNG 是采用无损压缩方式减少文件的大小，这一点与牺牲图像品质以换取高压缩率的 JPEG 有所不同；第三，显示速度很快，只须下载 1/64 的图像信息就可以显示出低分辨率的预览图像；第四，PNG 同样支持透明图像的制作，透明图像在制作网页图像的时候很有用，可以把图像背景设为透明，用网页本身的颜色信息来代替设为透明的色彩，这样可让图像和网页背景很好地融合在一起。

5．SWF 格式

利用 Flash 可以制作出一种格式为 SWF（Shock Wave Flash）的动画，这种格式的动画图像能够用比较小的体积来表现丰富的多媒体形式。在图像的传输方面，不必等到文件全部下载完才能观看，而是可以边下载边看，因此特别适合网络传输，特别是在传输速率不佳的情况下，也能取得较好的效果。SWF 如今已被大量应用于网页进行多媒体演示与交互性设计。此外，SWF 动画是基于矢量技术制作的，因此不管将画面放大多少倍，画面不会因此而有任何损害。综上，SWF 格式的作品以其高清晰度的画质和小巧的体积，受到了越来越多网页设计者的青睐，也越来越成为网页动画和网页图片设计制作的主流。

6. SVG 格式

SVG（Scalable Vector Graphics，可缩放矢量图形），是基于 XML（Extensible Markup Language，可扩展标记语言），由万维网联盟（World Wide Web Consortium，W3C）进行开发的。用户可以直接用代码来描绘图像，可以用任何文字处理工具打开 SVG 图像，通过改变部分代码使图像具有互交功能，并可以随时插入到 HTML 中通过浏览器来观看。

SVG 提供了目前网络流行格式 GIF 和 JPEG 无法具备的优势：可以任意放大图形显示，但绝不会以牺牲图像质量为代价；在 SVG 图像中，保留字可编辑和可搜寻的状态；综合评价，SVG 文件比 JPEG 和 GIF 格式的文件要小很多，因而所需下载时间也很短。

4.1.5 矢量图与位图

矢量图由矢量轮廓线和矢量色块组成，文件大小由图像的复杂程度决定，与图形的大小无关，常用格式有 AI、CDR、FH、SWF 等。目前矢量图以其轮廓清晰、色彩明快，尤其是可任意缩放并保持图像视觉质量等特性受到众多设计者的青睐。

位图和矢量图是计算机图形中的两大概念，这两种图形都被广泛应用到出版、印刷、互联网等各个领域，它们各有优缺点，且各自的优点几乎是无法相互替代的，所以，长久以来，矢量图跟位图在应用中一直是平分秋色。

位图（Bitmap），也叫作点阵图、栅格图像、像素图，简单地说，就是最小单位由像素构成的图，缩放会失真。构成位图的最小单位是像素，位图就是由像素阵列的排列实现其显示效果的，每个像素有自己的颜色信息，在对位图图像进行编辑操作时，可操作的对象是每个像素，可以改变图像的色相、饱和度、明度，从而改变图像的显示效果。

矢量（Vector）图，也叫作向量图，简单地说，就是缩放不失真的图像格式。矢量图是通过多个对象的组合生成的，对其中每一个对象的记录方式，都是以数学函数来实现的，也就是说，矢量图实际上并不是像位图那样记录画面上每一点的信息，而是记录了元素形状及颜色的算法，当打开一幅矢量图时，软件对图形上对应的函数进行运算，将运算结果（图形的形状和颜色）显示给用户看。无论显示画面是大还是小，画面上的对象对应的算法是不变的。所以，即使对画面进行成倍的缩放，其显示效果仍然相同（不失真）。

位图色彩变化丰富，编辑时可以改变任何形状区域的色彩显示效果，相应地，要实现的效果越复杂，需要的像素数越多，图像文件的大小（长宽）和体积（存储空间）越大。

矢量图的优点是，轮廓的形状更容易修改和控制，但是对于单独的对象，色彩上变化的实现不如位图来得方便直接。另外，支持矢量图的应用程序也远远没有支持位图的多，很多矢量图形都需要专门设计的程序才能打开浏览和编辑。

常用的位图绘制软件有 Adobe Photoshop、Corel Painter 等，其对应的文件格式为 PSD、TIFF、RIF 等，另外还有 JPEG、GIF、PNG、BMP 等。

常用的矢量图绘制软件有 Adobe Illustrator、CorelDRAW、Adobe Freehand、Flash 等，其对应的文件格式为 AI、EPS、CDR、FH、FLA、SWF 等，另外还有 DWG、WMF、EMF 等。

矢量图可以很容易地转化成位图，但是位图转化为矢量图却很困难，往往需要比较复杂的运算和手工调节。

4.1.6 图纸的大小

纸张的规格是指纸张制成后，经过修整切边，裁成一定的尺寸。过去是以多少"开"（例如 8 开或 16 开等）表示纸张的大小，现在采用国际标准，规定以 A0、A1、A2、B1、B2 等表示纸张的幅面规格。

按照纸张幅面的基本面积，把幅面规格分为 A 系列、B 系列和 C 系列，幅面规格为 A0 的幅面尺寸为 841mm×1189mm，幅面面积为 1m^2；B0 的幅面尺寸为 1000mm×1414mm，幅面面积约为 1.4m^2；C0 的幅面尺寸为 917mm×1279mm，幅面面积约为 1.2m^2；复印纸的幅面规格只采用 A 系列和 B 系列。若将 A0 纸张沿长度方向对开成两等分，便成为 A1 规格，将 A1 纸张沿长度方向对开，便成为 A2 规格，如此对开可至 A8 规格；B0 纸张亦按此法对开至 B8 规格。其中 A3、A4、A5、A6、B4、B5 和 B6 7 种幅面规格为复印纸常用的规格。A 系列里面 A0 是最大的，但是全系列里面 B0 最大。

ISO 216 定义了 A、B、C 三组纸张尺寸。

C 组纸张尺寸主要使用于信封。

A 组纸张尺寸的长宽比都是 1：$\sqrt{2}$，然后取近似的毫米值。A0 被定义成面积为 1m^2，长宽比为 1：$\sqrt{2}$ 的纸张。A1、A2、A3 等纸张尺寸都被定义成将编号小一号的纸张沿着长边对折，然后取近似的毫米值。最常用到的纸张尺寸是 A4，它的大小是 210mm×297mm。

B 组纸张尺寸是编号相同与编号小一号的 A 组纸张的几何平均，例如，B1 是 A1 和 A0 的几何平均。同样地，C 组纸张尺寸是编号相同的 A、B 组纸张的几何平均，例如，C2 是 B2 和 A2 的几何平均（此外，日本有一种不兼容的 B 组纸张尺寸，是用算术平均而不是用几何平均来定义的。）

C 组纸张尺寸主要用于信封。一张 A4 大小的纸张可以刚好放进一个 C4 大小的信封。如果把 A4 纸张对折变成 A5 纸张，那么它就可以刚好放进 C5 大小的信封，同理类推。

中华人民共和国国家标准 GB/T 148-1997《印刷、书写和绘图纸幅面尺寸》与 ISO 216:1975 非等效采用。

4.2 项目 4 用扫描仪获取图像

扫描仪可以清晰地将书本上的图像文字转换成计算机中的数字图像，是设计中必不可少的设备之一。

扫描仪（Scanner）是一种图像输入设备，其工作原理是利用光电转换原理，通过扫描仪光源的移动或原稿的移动，把黑白或彩色的原稿信息数字化后输入到计算机中。扫描仪的光电转换元件主要有 3 种：电荷耦合器件（Charge Coupled Device，CCD）阵列、接触式图像传感器（Contact Image Sensor，CIS）和光电倍增管（Photo Multiplier Tube，PMT）。其中采用电荷耦合器件的扫描仪使用最为广泛，它由电荷耦合器件阵列、光源及聚焦透镜组成。电荷耦合器件排成一行或一个阵列，阵列中的每个器件都能把光信号变为电信号，并且电荷耦合元器件所产生的电量与所接收的光量成正比。因此扫描仪能把千变万化的图像以像素为基本要素，数字化后保存到计算机中。扫描仪最主要的技术指标是光学分辨率及色彩位数：光学分辨率一般有 600dpi、1200dpi、4800dpi，甚至更高；色彩位数有 36 位、48 位等。购买扫描仪时，另外还需要注意幅面大小、接口类型等。下面以最常用的 A4 幅面平板式扫描仪为例，如图 4-4 所示，介绍如何使用扫描仪来获取图像。

图 4-4　带外置底片透扫器的平板式扫描仪

1）安装扫描仪。扫描仪产品中都提供了详细的说明书和驱动软件，只要按说明书中的提示即可完成安装。本例中使用的扫描仪是明基公司的 BenQ Q-scan Q51，提供最大 1200dpi×2400dpi 的光学解析度，48 位彩色和 16 位灰阶的色彩分辨能力，并提供底片透扫和名片扫描、管理功能，能满足一般的家庭及办公室使用。

2）启动 Photoshop 软件（照片编辑器等其他图像处理软件也可）。

3）执行"文件"→"导入"→"MiraScan V5.01"菜单命令，运行扫描处理程序，如图 4-5 所示。

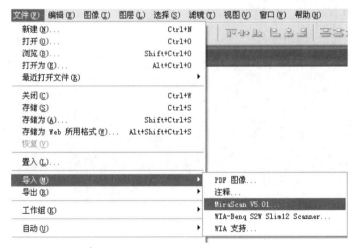

图 4-5　运行扫描处理程序

4）打开扫描仪的上盖，将要扫描的图像正面朝下放入扫描仪中，并将图像的位置放正，合上盖子，分别设置"图像类型"为"真彩"、"扫描模式"为"高质量"、"分辨率"为"300 dpi"，然后单击"预览"按钮进行预扫，预扫的目的是为了能够选取合适的扫描范围，如图 4-6 所示。

5）拖动虚线框选定扫描范围，然后单击"扫描"按钮开始扫描，出现扫描进度指示，如图 4-7 所示。

图4-6 设置扫描参数及用"预览"设置扫描范围　　　　图4-7 扫描进度显示

6)扫描完成后,单击"退出"按钮回到 Photoshop 中,此时扫描好的图像就会显示在窗口中,如图4-8所示。

图4-8 扫描所得图像

说明:各种扫描仪都有自己的附加功能,可参阅其说明书,比如这款扫描仪可扫描底片,还能用"色彩精灵"对"饱和度""浓度""对比度""锐度"等参数进行调节。

4.3 项目5 制作个性人物的杂志封面

杂志封面所用的人物肖像照一般拍摄于专业影棚之中,如何使用 Photoshop CC 中的调整边缘命令,将正常光源下拍摄的人物肖像作品转换成为如在专业影棚中所拍摄的洁净纯白背景肖像照是本章的学习重点。

项目5 制作个性人物的杂志封面

1）打开 Photoshop CC，执行"文件"→"新建"菜单命令，弹出"新建文档"对话框。杂志封面文件的宽度高度设定为 216mm×291mm（其中四周各含 3mm 的出血），"分辨率"设定为"300"，单位为"像素/英寸"，"颜色模式"设定为"CMYK 颜色"，如图 4-9 所示。

图 4-9　新建文档设置

2）将素材文件"素材.jpg"拖入画布。执行"编辑"→"变换"→"缩放"菜单命令，调整大小，如图 4-10 所示。

图 4-10　图片缩放

3）选择工具栏中的"快速选择工具" ，在其工具面板中将画笔的"大小"设置为"70 像素"，如图 4-11 所示。

4）按住鼠标左键在画面背景区域内拖动以选取背景区域，选中后按住〈Alt〉键调整被意外选中的衣服和头发，如图 4-12 所示。

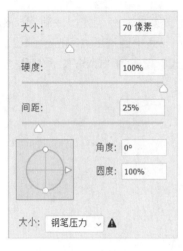

图 4-11　画笔设定　　　　　　　　　　　　图 4-12　选择背景

5）在选择好大体背景之后，执行"选择"→"反向"菜单命令，将选择区域切换为选择人像主体，单击选项栏中的"调整边缘"按钮，弹出"调整边缘"对话框。在"调整边缘"对话框的"视图"下拉列表框中选择白色背景模式。同时在"边缘检测"选项组内选中"智能半径"复选框，并将"半径"设置为"200 像素"，如图 4-13 所示。

6）将"调整边缘"选项组中的"羽化"调整到"3 像素"，增加边缘虚化的景深效果。在"输出设置"选项组中选中"净化颜色"复选框，"数量"为 50%，最后在"输出到"下拉列表框中选择"新建带有图层蒙版的图层"，单击"确定"按钮完成调整边缘选项的设定，如图 4-14 所示。

图 4-13　"调整边缘"对话框　　　　　　图 4-14　在"调整边缘"对话框中深入调整

7）使用 25%不透明度的黑色画笔在人像素材图层蒙版中仔细涂抹，将边缘处的细小残余背景及边缘冲突部分抹去，如图 4-15 所示。如意外遮盖了不想抹去的部分细节，可使用白色画笔将其还原。

8）按住鼠标左键，将素材文件"素材-02.jpg"拖至 Photoshop 内，将其置于人像素材图层下方，如图 4-16 所示。

图 4-15　修改细节　　　　　　　　　　　图 4-16　人像与背景合并

9）执行"图像"→"调整"→"色彩平衡"菜单命令，弹出"色彩平衡"对话框，选择"阴影"单选按钮，将"色阶"数值调整成"-30，0，0"，如图 4-17 所示。选择"中间调"单选按钮，将"色阶"数值调整成"-10，0，10"。调整颜色后，肖像人物色彩与背景色彩上更加协调了，如图 4-18 所示。

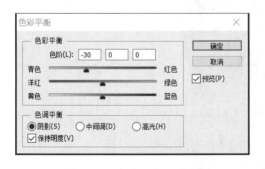

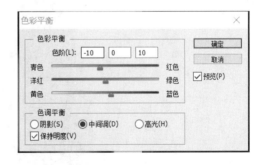

图 4-17　"色彩平衡"对话框　　　　　图 4-18　"色彩平衡"对话框中"中间调"的修改

10）执行"图像"→"调整"→"曲线"菜单命令，弹出"曲线"对话框，拖动曲线调整肖像图层的亮度及对比度，如图 4-19 所示。

11)参考素材文件"杂志封面.jpg",输入文字,首先选择工具栏里的"文字工具" ,在画面上需要输入文字的地方输入"PS",按住左键不放,选中文字"PS",在文字选项栏里修改文字格式,将字体修改为"Berlin Sans FB",大小修改为"72 点",对齐方式设为"左对齐文本",色彩修改为"RGB:241,178,23",如图4-20所示。

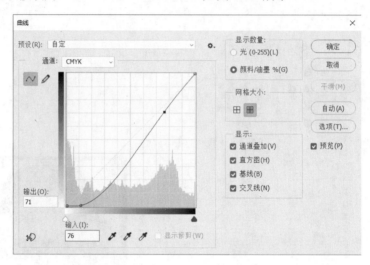

图4-19 "曲线"对话框

图4-20 文字选项栏

12)最后参考素材文件"效果图.jpg"及上述制作步骤将文字补充完整,这张用自己头像制作的封面就做好了,如图4-21所示。

图4-21 杂志封面最终效果

4.4 项目6 制作"中国风-二十四节气"书签

书签设计是平面设计师常做的设计之一。通过中国风类型的书签设计制作，学习遮罩、裁剪、描边等功能，同时也学习中国传统文化。

1）打开 Photoshop CC，执行"文件"→"新建"菜单命令，弹出"新建文档"对话框，名称命名为"书签"。书签文件的宽度高度设定为 10cm×31cm（其中四周各含 3mm 的出血），"分辨率"设定为"300"，单位为"像素/英寸"，"颜色模式"设定为"CMYK 颜色"，如图 4-22 所示。

图 4-22　新建文档

2）打开素材文件"落叶.jpg"，执行"图像"→"图像大小"菜单命令，打开"图像大小"对话框，将宽度修改为"8 厘米"，由于高度和宽度是"约束长宽比"的，因此相应的高度则修改为"5.2 厘米"。选择工具栏中的"椭圆选框工具" ，在"落叶"图片上框选落叶的中心部分，如图 4-23 所示。

图 4-23　选择落叶

3）选择工具栏中的"移动工具" ，把落叶拖动到书签文件上。把鼠标移动到最左侧的标尺栏，按住左键拖出标尺，放在 3cm 和 7cm 的位置上。执行"编辑"→"自由变换"菜单命令，按住〈Shift+Alt〉键，以圆心为原点放大圆形。把圆放大到 3cm 和 7cm 的位置上，如图 4-24 所示。

47

4)修改图层名。在"图层"面板中选择"图层 1",执行"图层"→"重命名图层"菜单命令,修改图层名为"落叶",如图4-25所示。

图4-24　建立标尺　　　　　　　　　　　　　图4-25　修改图层名

5)绘制边框。按住键盘上的〈Ctrl〉键,单击"图层"面板中的"图层缩览图"图标，选中该图层上的落叶图形,单击"图层"面板中的"创建新图层"按钮，建立一个新的空白图层。执行"编辑"→"描边"菜单命令,弹出"描边"对话框,将宽度数值修改为"10像素",位置调整为"居中",如图4-26所示。

6)执行"选择"→"取消选择"菜单命令,执行"编辑"→"自由变换"菜单命令,按住〈Shift+Alt〉键,适当放大,如图4-27所示。

图4-26　"描边"对话框　　　　　　　　　　　图4-27　放大边框

7)使用刚才的方法,将"图层 2"的名称修改为"边框"。新建一个图层,命名为"竖线"。选择工具栏中的"直线工具"，将粗细修改为10像素,如图4-28所示。

图4-28　直线工具选项栏

8)新建图层,命名为"竖线"。绘制一根竖线,并复制一层,命名为"竖线 2",如图4-29所示。

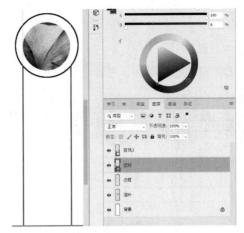

图 4-29　绘制竖线

9）选择工具栏中的"直排文字工具"，输入文字"初逢白露鸟飞翔，谢尽芳菲涸草黄"，文字大小修改为 24 点，如图 4-30 所示。选择工具栏中的"横排文字工具"，输入文字"白露"，执行"编辑"→"自由变换"菜单命令，将文字适当变大。书签制作完成的效果如图 4-31 所示。

图 4-30　文字工具选项栏

图 4-31　书签效果

4.5 练习

根据图 4-32 所示，在所学知识的基础上，制作"二十四节气"的主题书签。

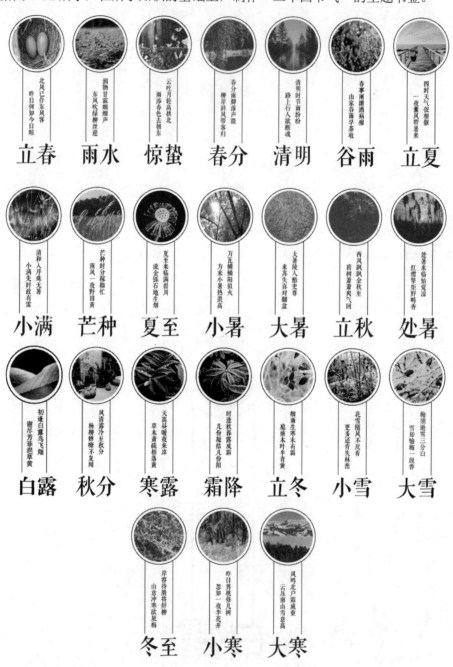

图 4-32 书签

第 5 章　图形的创意与设计

本章要点
- 出血线的设置
- 图形的绘制

图形的创意与设计中，常常使用矢量软件 Illustrator 和位图软件 Photoshop。这两个软件各有特点，比如设计名片、广告夹页等常用 Illustrator，而图片的处理常用 Photoshop。图形创意设计时经常两者结合使用。

5.1　基础知识

5.1.1　出血线的设置

出血线的作用主要是保护成品。为了节约大批量印刷或打印的纸张成本，在印刷或打印前要对设计稿进行拼版（比如在 A4 纸上打印名片的拼版方式是每张纸拼 10 张名片，每行 2 张，共 5 行），印刷或打印完成后要对纸张进行裁剪，为了不裁剪到内容区域或出现白边，在设计时一般要预留 3mm 的出血线。假设要在 A3 纸张上设计图稿并进行打印输出，再进行裁剪处理，其基本步骤如下。

1）在 Illustrator 软件中执行"文件"→"新建"菜单命令，弹出"新建文档"对话框。

2）在左侧"最近使用项"中选择"[自定]"，把"宽度"改为"291 毫米"，"高度"改为"414mm"，"出血"设置为"3mm"，"颜色模式"设置为"CMYK"，单击"创建"按钮，如图 5-1 所示。

图 5-1　修改"新建文档"对话框中的设置

3）察看图纸边缘，如图 5-2 所示，内框表示成品区域，外框表示出血线，裁剪位在内框与外框之间。假设图稿有背景图作为底图，它的位置和大小应该以图 5-3 所示的方式设计（边缘要超出出血线），这样可以保证裁剪后边缘处没有白边。文字等主要内容一定要放置在内框内，否则可能会在裁剪时被切掉。

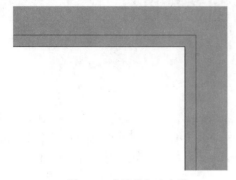

图 5-2　成品线与出血线

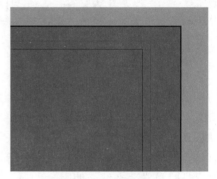

图 5-3　底图的位置

4）执行"文件"→"存储副本"菜单命令，弹出"存储副本"对话框，在"保存类型"下拉列表框中选择"Adobe PDF（*.PDF）"，单击"保存"按钮，如图 5-4 所示。弹出"存储 Adobe PDF"对话框，选择"标记和出血"，选中"裁切标记""使用文档出血设置"复选框，如图 5-5 所示，单击"存储 PDF"按钮。

图 5-4　"存储副本"对话框

图 5-5　"存储 Adobe PDF"对话框

5）打开刚才存储的 PDF 文件（用 Photoshop 或 Acrobat 打开），观察文档是否已经添加了裁切标记及预留了出血，如图 5-6 所示。

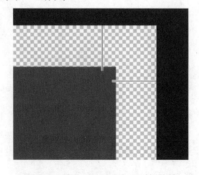

图 5-6　用 Acrobat 打开的文件

5.1.2 多画板的设置

1)在"新建文档"对话框中单击"更多设置",打开"更多设置"对话框,将"画板数量"设置为"4",画板排列方式为"按行排列",排列顺序为"从左到右","间距"为"7.06mm",如图 5-7 所示,单击"创建文档"按钮,即可产生 4 个画板,如图 5-8 所示。

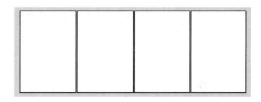

图 5-7　多画板设置　　　　　　　　图 5-8　多画板图纸区域

2)单击左侧工具栏中的"画板工具"按钮,进入画板编辑状态,画板上显示出编号代表画板顺序,如图 5-9 所示,虚线框代表当前画板。

图 5-9　画板编辑状态

3)把鼠标放在"控制点"进行拖动可以改变画板大小,单击画板右上角的"关闭"按钮,可以删除画板(也可以按〈Del〉键),如图 5-10 所示。双击"画板工具"按钮,弹出"画板选项"对话框,如图 5-11 所示。在该对话框中可以对画板的大小、位置、显示标记进行设置。

4)使用"矩形工具"分别在画板上画出若干矩形,如图 5-12 所示。

5)执行"文件"→"存储副本"菜单命令,弹出"存储副本"对话框,将"保存类型"设置为"Adobe PDF(*.PDF)",单击"保存"按钮,弹出"存储 Adobe PDF"对话框,不做任何修改,单击"存储 PDF"按钮。打开 PDF 文件,观察到多页面已经保存成功了,如图 5-13 所示。

图 5-10　改变画板大小、删除画板　　　　图 5-11　"画板选项"对话框

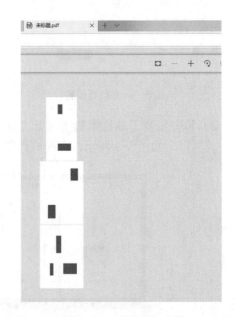

图 5-12　使用"矩形工具"画出若干矩形　　　　图 5-13　打开 PDF 文件

5.1.3　图形的选择和编辑

1. 图形的选择

1）使用工具栏中的"选择工具"可以选中整个图形，如图 5-14 所示。

2）使用"直接选择工具"可以选中图形的节点，按住鼠标左键拖动可实现对节点的移动，如图 5-15 所示。

3）双击"魔棒工具"按钮会弹出"魔棒"面板，可以对"填充颜色""描边颜色""描边粗细"进行设置，设置结束后单击某个图形，与其具有相同设置的图形也会被选中，如图 5-16 所示。

图 5-14　使用"选择工具"选中整个图形　　图 5-15　使用"直接选择工具"选择图形的节点

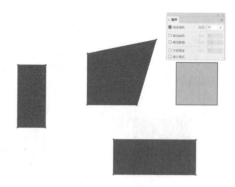

图 5-16　使用"魔棒工具"设置条件后进行选择

4)"选择"菜单还可实现更多功能,比如全选("全部")、反向选择("反向")、选择符合相同条件的对象("相同")、按对象进行选择("对象")等,如图 5-17 所示。

图 5-17　"选择"菜单

2. 图形的移动

1) 使用"选择工具"选中图形后,按住鼠标左键可以进行拖动,同时按住〈Alt〉键进行拖动可复制出一个相同的图形,如图 5-18 所示。

2) 双击"选择工具"按钮,弹出"移动"对话框,可以对图形进行精确的移动控制,如图 5-19 所示。

3. 图形的缩放

1) 使用"选择工具"选中图形后,把鼠标指针放在定界框节点上进行拖动可以实现图形的缩放,同时按住〈Shift〉键可实现等比缩放,同时按住〈Alt〉键可实现中心缩放,同时按住〈Shift+Alt〉组合键可实现中心等比缩放,如图 5-20 所示。

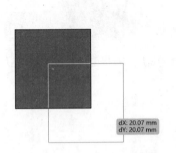

图 5-18　使用"选择工具"移动复制图形　　　　图 5-19　"移动"对话框

图 5-20　使用"选择工具"进行缩放

2）先使用"选择工具"选中图形，再选择"自由变换工具"，拉动图形右下角后再按住〈Shift+Ctrl+Alt〉组合键可实现透视变形，如图 5-21 所示。

4．图形的旋转

1）使用"选择工具"选中图形后，把鼠标指针放在定界框节点外侧，鼠标指针将变成旋转符号，拖动鼠标可实现任意旋转，按住〈Shift〉键可进行约束角度的旋转，如图 5-22 所示。

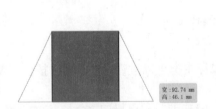
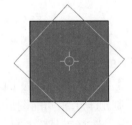

图 5-21　使用"自由变换工具"进行透视变形　　　图 5-22　使用"移动工具"进行旋转

2）先使用"选择工具"选中图形，再使用"旋转工具"在图形任何位置单击，将改变旋转中心，按住左键拖动可进行旋转，按住〈Alt〉键可进行旋转复制，如图 5-23 所示。

3）双击"旋转工具"按钮，弹出"旋转"对话框，将"角度"调整为 0°，旋转中心回原位，单击"确定"按钮完成旋转，单击"复制"按钮完成旋转复制，如图 5-24 所示。

4）按住〈Alt〉键单击图形任何处，弹出"旋转"对话框，旋转中心不回原位，如图 5-25 所示。

图 5-23 使用"旋转工具"进行旋转复制　　　　图 5-24 旋转中心回原位

图 5-25 旋转中心不回原位

5.1.4 图形的绘制和修改

1．基本图形绘制

1）单击工具栏中的"矩形工具" ■ 按钮，在绘图区上由左向右拖动鼠标创建矩形，按住〈Alt〉键拖动鼠标可从中心点进行创建，按住〈Shift〉键拖动鼠标可创建正方形，单击绘图区任意地方将弹出"矩形"对话框，如图 5-26 所示，在"宽度"和"高度"数值框中输入相应数值后可创建大小精确的矩形。

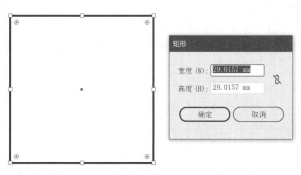

图 5-26 绘制矩形

2）长按"矩形绘图工具"按钮可弹出附加工具栏，选择"圆角矩形工具"，在绘图中由左向右拖动绘制出矩形后不要放开左键，按键盘上的〈↑〉键增大圆角半径，按键盘〈↓〉键减小圆角半径。

3）选择"多边形工具"，在图纸上拖动绘制出一个多边形（默认为5边形），将鼠标左键按住不放并按住〈Shift〉键将方向摆正，按〈↑〉键增加边数，按〈↓〉键减少边数。

4）选择"星形工具"，在图纸上拖动绘制出一个星形，将鼠标左键按住不放，并按住〈Ctrl〉键拖动鼠标使尖角变长或变短，按〈↑〉键增加尖角数，按〈↓〉键减少尖角数。

2．"钢笔工具"绘制

1）单击工具栏中的"钢笔工具"按钮，在绘图区中连续单击可以画出多段直线。

2）单击后按住左键不放拖动可拖出控制手柄，画出弧线。

3）按住〈Shift〉键可使控制手柄保持水平或竖直。

4）按住〈空格〉键可对节点进行移动。

5）按住〈Alt〉键拖动控制手柄可实现尖点弧线连接。

6）长按"钢笔工具"按钮，弹出附加钢笔工具栏，其中，"增加锚点工具"按钮可增加图形的节点，"删除锚点工具"按钮可删除图形上的节点，"转换锚点工具"按钮可取消或再次拖动出控制手柄，如图5-27所示。

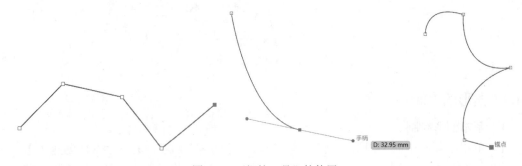

图5-27 "钢笔工具"的使用

3．图形变形效果

1）Illustrator软件相比Photoshop软件的优势在于其绘制和改变图形时的便捷性，在"效果"菜单下有各种使图形发生改变或变形的命令，这些命令执行后还可以通过"外观"面板反复修改并调整命令执行的先后顺序完成复杂图形。其中比较常用的有"变形""风格化"。

2）绘制一个矩形，使用"选择工具"选中，按住〈Alt+Shift〉键水平拖动复制出一个副本，再按〈Ctrl+D〉组合键重复执行，复制出多个矩形，选中这些矩形，单击鼠标右键并在快捷菜单中选择"编组"命令，如图5-28所示。

3）执行"效果"→"变形"→"弧形"菜单命令，弹出"变形选项"对话框，在"样式"下拉列表框中可以再次选择变形样式，选中"预览"复选框并调节数值即可观察到矩形组的变形情况，单击"确定"按钮，如图5-29和图5-30所示。

图 5-28　编组图形　　　　　　　　　图 5-29　"变形选项"对话框

图 5-30　"凸壳"变形效果

4）再执行"效果"→"风格化"→"圆角"菜单命令，弹出"圆角"对话框，如图 5-31 所示，设置"半径"，并选中"预览"复选框（可以观察效果），单击"确定"按钮。

5）执行"窗口"→"外观"菜单命令，弹出"外观"面板，把"圆角"顺序拖动到顶端，如图 5-32 所示，图形发生了变化。

图 5-31　添加"圆角"　　　　　　　图 5-32　在"外观"面板中改变命令的顺序

6）单击"变形：凸壳"按钮，再次弹出"变形选项"对话框，改变弯曲数值后图形即发生相应改变，如图 5-33 所示。

图 5-33　改变弯曲数值

4．带宽度的线

1）用钢笔工具绘制一条开放的曲线，如图 5-34 所示。

2）选中这条曲线，执行"效果"→"路径"→"偏移路径"菜单命令，弹出"偏移路径"对话框，"位移"设置为"5mm"，在"连接"下拉列表框中选择"圆角"，单击"确定"按钮后曲线变宽，如图 5-35 和图 5-36 所示。

 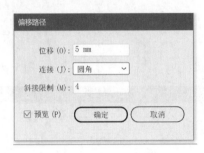 

图 5-34 用"钢笔工具"绘制的曲线　　　图 5-35 "偏移路径"对话框　　　图 5-36 "位移路径"效果

3）设置曲线的"填色"为"黄色"，"描边"为"红色"，"描边"宽度为 5pt，如图 5-37 所示。

4）选用"直接选择工具"，单击曲线，路径与节点突显出来，选中一个节点并移动，曲线的外形发生改变，如图 5-38 所示。

图 5-37 填充与描边设置　　　　　　　图 5-38 改变曲线形状

5．自定义画笔

1）使用"星形工具"创建一个"填色"为"红色"且无"描边"的五角星。

2）把五角星拖到"画笔"面板中，弹出"新建画笔"对话框，选择"散点画笔"单选按钮，如图 5-39 所示，单击"确定"按钮。弹出"散点画笔选项"对话框，如图 5-40 所示，设定"大小"为"随机"，数值为 100%和 10%（图形的大小在 10%～100%之间随机变化），设定"间距"为"随机"，数值为 100%和 50%（图形之间的间距在 50%～100%之间随机变化），设定"分布"为"随机"，数值为 0%和 50%（图形与路径线的距离在 0%～50%之间随机变化），在"着色"选项组中设定"方法"为"色相转换"，单击"确定"按钮。

3）在"画笔"面板中选中该图案，选择左侧工具栏的"画笔工具"后，按住鼠标左键在屏幕上拖动任意画出一条曲线，图案也同时出现，如图 5-41 所示。

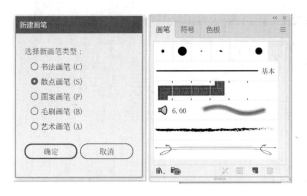

图 5-39 "新建画笔"对话框

图 5-40 "散点画笔选项"对话框

图 5-41 创建的画笔效果

4）使用"矩形工具"创建一个矩形，执行"效果"→"风格化"→"圆角"菜单命令，给矩形添加一个圆角，使用"直接选择工具"框选矩形底部的两个节点并向左侧移动，如图 5-42 所示。

5）使用"移动工具"选中矩形，按住〈Alt+Shift〉键水平复制 1 份，再连续按〈Ctrl+D〉组合键复制出多份，如图 5-43 所示。

图 5-42 创建的矩形

图 5-43 水平复制出多份矩形

6）使用"移动工具"框选所有矩形并往"画笔"面板里拖动，弹出"新建画笔"对话框，此时选择"艺术画笔"，单击"确定"按钮，弹出"艺术画笔选项"对话框，在"着色"选项组中将"方法"设为"色相转换"，单击"确定"按钮，如图 5-44 所示。

7）使用"画笔工具"画出一个 S 形，图案也同时出现并呈 S 形，如图 5-45 所示。

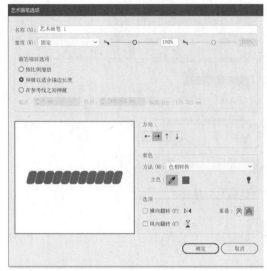

图 5-44 "艺术画笔选项"对话框

图 5-45 艺术画笔效果

5.2 项目 7 标志的制作（Illustrator）

项目 7 标志的制作

本项目制作一个虚拟混合果汁的标志，图案部分由瓶子剪影组成，如图 5-46 所示，图标体现出"混合"的感觉。本项目的制作涉及的一个重要的技术就是"剪切蒙版"。

1）打开 Illustrator 软件，执行"文件"→"新建"菜单命令（快捷键〈Ctrl+N〉），弹出"新建文档"对话框，在"最近使用项"中选择"A4"，将"宽度"设置"210 毫米"，将"高度"设置为"297mm"，将"颜色模式"设置为"CMYK"，单击"创建"按钮，将创建一个新文档，如图 5-47 所示。

图 5-46 虚拟混合果汁的标志

图 5-47 "新建文档"对话框

2）使用瓶子素材图片，使用"钢笔工具"对瓶子进行描边，把瓶子的形状勾勒出来。设置描边颜色为黑色，设置描边数值，如图 5-48 所示。

3）用快捷键复制 2 个轮廓（快捷键〈Ctrl+C〉和〈Ctrl+V〉），单击选择这个图形，拖动放置到边上。

4）使用"移动工具"，单击选中其中一个瓶子图形，使用"钢笔工具"添加锚点，如图 5-49 所示。

图 5-48 设置描边参数　　　　　　　　　　　图 5-49 轮廓

5）使用"直接选择工具"，根据设计需要，选中其中的部分锚点进行删除，同时更改描边设置，执行"窗口"→"描边"菜单命令，弹出"描边"面板，如图 5-50 所示，同时进行设置，对瓶子描边进行调整，最后效果如图 5-51 所示。

图 5-50 "描边"面板　　　　　　　　　　　图 5-51 修改

6）使用"矩形工具"绘制 5 个矩形框，设置颜色，调整位置，效果如图 5-52 所示。

7）把在彩色方框位置下瓶子形状的描边选中后，按快捷键将它置于顶层（快捷键〈Ctrl+Shift+]〉），使用"移动工具"，拖动鼠标，框选全部图形，将之选中，按快捷键〈Ctrl+7〉，建立剪切蒙版，把图 5-51 中修改后的瓶子描边置于剪切后的图形顶层（快捷键〈Ctrl+Shift+]〉），效果如图 5-53 所示。

8）使用"移动工具"，单击选中另一个瓶子图形。单击左侧工具栏底部的"填色"按钮，单击"互换填色和描边"按钮，双击"描边"按钮，弹出"拾色器"对话框，更改颜色为 R40，G40，B40，如图 5-54 所示。执行"效果"→"模糊"→"高斯模糊"菜单命令，弹出"高斯模糊"对话框，设置高斯模糊的半径为"30 像素"，如图 5-55 所示。使用"移

63

动工具"选中瓶子图形，置于底层（快捷键〈Ctrl+Shift+[〉)，最终效果如图 5-56 所示。

图 5-52 展示

图 5-53 建立剪切蒙版

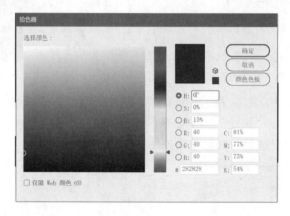

图 5-54 "拾色器"对话框

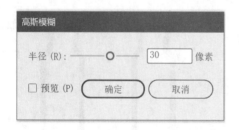

图 5-55 "高斯模糊"对话框

图 5-56 标志最终效果

5.3 练习

参照图 5-57 所示的渐变效果，制作自己名字的首字母。

图 5-57 字母特效

第 6 章　平面素材的综合设计

本章要点
- 平面素材的格式转换
- 多个平面软件的结合使用

在多媒体平面设计中，平面海报、产品外观开发等都需要结合使用 Illustrator 和 Photoshop。在设计过程中，需要用到格式转换等多项技能。

6.1　基础知识

6.1.1　图形的变换

使用"效果"→"扭曲和变换"→"变换"菜单命令可以方便地实现图形的阵列和对称，还可以动态修改图形。

1. 图形阵列

1）任意绘制一个圆形，再绘制一个比它更大的圆形包围它，如图 6-1 所示。

2）使用"选择工具"框选两个圆形，单击鼠标右键，在弹出的快捷菜单中执行"编组"命令。

3）执行"效果"→"扭曲和变换"→"变换"菜单命令，弹出如图 6-2 所示的"变换效果"对话框，在"副本"文本框中输入"5"，"角度"文本框中输入"60"，选中"预览"复选框，图形呈现预览效果，如图 6-3 所示，单击"确定"按钮。

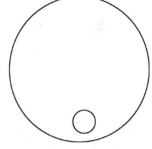

图 6-1　绘制两个圆形

图 6-2　"变换效果"对话框

4）双击图形，进入"隔离模式"，选中小圆，使用键盘上的方向键移动小圆，此时其他

5个小圆也同时移动。

5）选中大圆，将"描边"设置为"无"，效果如图6-4所示。

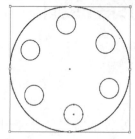 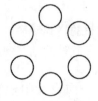

图6-3 预览"变换"效果　　　　　　　图6-4 调整位置并取消大圆描边

2．图形对称

1）选择"符号"面板，单击面板右侧的 按钮，在弹出的下拉列表中选择"打开符号库"→"箭头"，出现"箭头"面板，选中如图6-5所示的第3行第4个图形"箭头"并往绘图区中拖动。

2）选择"直线段工具"，按住〈Shift〉键绘制一条竖直的直线作为中心轴，如图6-6所示。

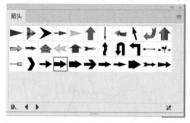 

图6-5 "箭头"面板　　　　　　　图6-6 绘制中心轴

3）使用"选择工具"框选两个圆形，单击鼠标右键，在弹出的快捷菜单中执行"编组"命令。

4）执行"效果"→"扭曲和变换"→"变换"菜单命令，弹出如图6-7所示的"变换效果"对话框，在"副本"文本框中输入"1"，选中"对称 X"和"预览"复选框，对称位置为 ，单击"确定"按钮，效果如图6-8所示。

图6-7 "变换效果"对话框

5）使用"选择工具"选中箭头图形，将"选择工具"放置在箭头图形的右上角适当旋转图形，对称图形也同时发生改变，如图6-9所示。

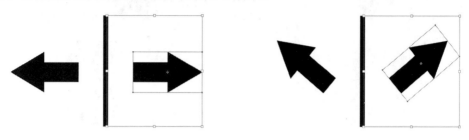

图6-8 "变换"效果　　　　　　　　　图6-9 旋转箭头图形

6.1.2 图形的对齐

1. 对齐对象

1）创建两个不同颜色的矩形，如图6-10所示。

2）使用"选择工具"框选两个矩形，执行"窗口"→"对齐"菜单命令，弹出"对齐"面板，单击"左对齐"按钮，上方矩形不动，将下方矩形往左侧移动使其左侧边对齐上方矩形的左侧边，如图6-11所示。

图6-10 创建两个矩形　　　　　　　图6-11 矩形左对齐

3）再单击"居中对齐"按钮，上方矩形与下方矩形同时移动且中心对齐，如图6-12所示。

4）执行"编辑"→"还原"菜单命令（快捷键〈Ctrl+Z〉），单击上方矩形后，其边框显示为较粗的蓝色边框，如图6-13所示，单击"居中对齐"按钮，上方矩形不移动，下方矩形往左移动与上方矩形中心对齐。

2. 分布对象

1）使用"选择工具"选中上方矩形，按住〈Alt〉键往右侧拖动复制出一个矩形，改变其颜色，如图6-14所示。

2）使用"选择工具"框选3个矩形，单击"对齐"面板中的"水平居中分布"按钮，3个矩形以中心为基准等距分布，如图6-15所示。

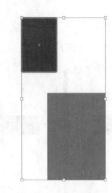

图 6-12 矩形居中对齐　　　　　图 6-13 关键对象的边框显示为较粗的蓝色边框

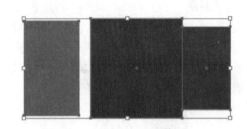

图 6-14 复制矩形　　　　　图 6-15 水平居中分布

3．分布间距

1）单击"垂直顶对齐"按钮，再单击"水平分布间距"按钮，此时以矩形的边界为基准水平等距分布，如图 6-16 所示。

2）单击右侧矩形，使其边框显示为较粗的蓝色边框，表示其成为关键对象，此时数值框 亮起，输入"5"，再次单击"水平分布间距"按钮，此时各矩形间的间距均为 5mm，如图 6-17 所示。

图 6-16 水平分布间距　　　　　图 6-17 间距均为 5mm

6.2　项目 8　仪表盘的制作（Illustrator+Photoshop）

根据相应的仪表盘设计规范，本项目的仪表盘直径为 56mm；大刻度间距为 12mm，宽度为 0.6mm，长度为 6.8mm；小刻度间距为 1mm，宽度为 0.1mm，长度为 3mm；文字高度为 3mm；指针头离开刻度线 1.6mm。项目的最终效果如图 6-18 所示，本项目将用到 Illustrator

和 Photoshop 两个软件。

图 6-18 最终效果

项目 8 仪表盘的制作（一）

6.2.1 仪表盘外框的绘制

1）打开 Illustrator 软件，执行"文件"→"新建"菜单命令（快捷键〈Ctrl+N〉），弹出"新建文档"对话框，在"最近使用项"中选择"A4"，"颜色模式"设置为"CMYK"，单击"创建"按钮，创建新文档。

2）执行"编辑"→"首选项"→"单位"菜单命令，弹出"首选项"对话框，把"常规""描边""文字"的单位均设置为"毫米"，如图 6-19 所示。

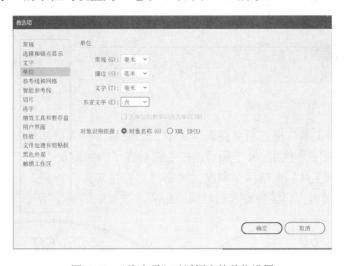

图 6-19 "首选项"对话框中的单位设置

3）选择工具栏中的"椭圆工具" （长按 工具显示"椭圆工具"），在工具选项栏中，将"填色"设置为"无"，"描边"设置为"黑"，如图 6-20 所示，在屏幕上单击，弹出"椭圆"对话框，把"宽度""高度"都设置为"56mm"，单击"确定"按钮，如图 6-21 所示。

图 6-20 填色和描边设置　　　　　　　　图 6-21 椭圆尺寸设置

4）选择"矩形工具"，在屏幕上单击，弹出"矩形"对话框，将"宽度"设置为"0.6mm"，"高度"设置为"6.8mm"，单击"确定"按钮，如图 6-22 所示。在工具选项栏中，将"填色"设置为"黑"，"描边"设置为"无"。用同样的方法再创建一个矩形，将"宽度"设置为"0.1mm"，"高度"设置为"3mm"，"填色"设置为"红"，"描边"设置为"无"。

5）选择"文字工具"，输入"50"，按〈Ctrl+Enter〉键结束输入操作，在工具选项栏中把"字体"设置为"Arial"，"Bold Italic"，"字体大小"设置为"3mm"，"字体对齐"设置为"居中对齐"，如图 6-23 所示。"填色"设置为"黑"，"描边"设置为"无"，此时屏幕上有 4 个元素，分别是"大刻度""小刻度""数字"和"表盘"。

图 6-22 "矩形"对话框　　　　　　　　图 6-23 字体设置

6）使用"选择工具"框选所有图形，再单击"表盘"使其以蓝色粗亮显示，单击工具选项栏中的"中心对齐"按钮，4 个图形的中心就对齐了，如图 6-24 所示。

7）使用"选择工具"框选两个刻度，单击"垂直顶对齐"按钮，使刻度顶部对齐。使用"选择工具"和键盘方向键调整它们之间的距离，效果如图 6-25 所示。

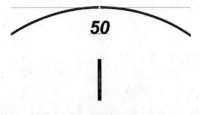
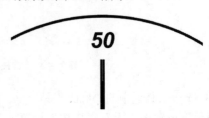

图 6-24 图形中心对齐　　　　　　　　图 6-25 调整各元素之间的距离

8)使用"选择工具"选中"表盘",执行"编辑"→"复制"和"编辑"→"贴在前面"菜单命令,按住〈Shift+Alt〉键,拖动定界框右上角控制点以等比中心放大,将放大后的圆形(即外圆)的"描边"设置为"红色",如图6-26所示。

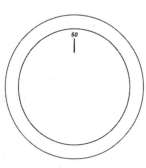

图6-26 复制圆形并且放大

9)按住〈Shift〉键,使用"选择工具"逐个单击"外圆""粗刻度""数字",执行"对象"→"编组"菜单命令,再执行"效果"→"扭曲和变换"→"变换"菜单命令,弹出"变换效果"对话框,在"副本"文本框中输入"5","角度"文本框中输入"25",选中"预览"复选框,如图6-27所示,单击"确定"按钮,效果如图6-28所示。

图6-27 "变换效果"对话框中的设置　　　图6-28 "变换"效果

10)保持选中状态,执行"编辑"→"复制"和"编辑"→"贴在前面"菜单命令,单击右侧功能面板中的"外观"按钮,弹出"外观"面板,单击"变换",如图6-29所示,又弹出"变换效果"对话框,将"角度"设置为"-25",单击"确定"按钮,在右边也出现了文字和刻度,如图6-30所示。

图6-29 "外观"面板　　　图6-30 修改"角度"为"-25"后的效果

11）用相同的方法制作小刻度，在"变换效果"对话框中的"副本"文本框中输入"49"，"角度"文本框中输入"2.5"，如图6-31所示。左右两侧小刻度都完成的效果如图6-32所示。

图6-31 小刻度应用的"变换效果"设置　　　图6-32 小刻度制作完成

12）使用"选择工具"框选最上边的数字"50"（注意：拉出的框不要太大，以免框到其他图形），执行"对象"→"扩展外观"菜单命令。

13）使用"直接选择工具"双击右下角的数字，再拖动鼠标，把它改成"0"，依次双击和拖动鼠标把其他数字依次改为"10""20"……"100"，如图6-33所示。执行"选择"→"对象"→"文本对象"菜单命令，将直接选中所有文字对象，执行"文字"→"创建轮廓"菜单命令，把文字转换成图形。

14）使用"选择工具"选中"表盘"，执行"编辑"→"复制"和"编辑"→"贴在前面"菜单命令，按住〈Shift+Alt〉键拖动定界框右上的控制点以等比中心缩小圆圈制作出指针转轴，如图6-34所示。

图6-33 修改数字　　　　　　　　　　　图6-34 制作指针转轴

15）使用"矩形工具"画出一个长条矩形，使用"直接选择工具"框选矩形上边，单击鼠标右键，在弹出的快捷菜单中执行"平均"命令，弹出"平均"对话框，如图6-35所示。选择"两者兼有"单选按钮，单击"确定"按钮，矩形就变成了三角形。再单击"中心对齐"

按钮 将指针与指针转轴对齐，如图 6-36 所示。

图 6-35 "平均"对话框

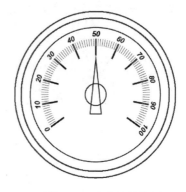

图 6-36 完成指针绘制

16）使用"矩形工具"在屏幕中单击，弹出"矩形"对话框后，把"宽度""高度"都设置为"100mm"，使用"选择工具"把它移动到中央并包含所有其他图形，如图 6-37 所示。

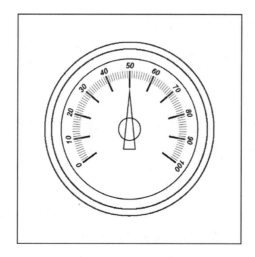

图 6-37 绘制一个较大的正方形

17）执行"文件"→"储存"菜单命令，最后单击"确定"按钮，完成仪表盘外框的绘制。

仪表盘图形绘制完成后，接下来将使用 Photoshop 软件对仪表盘的效果进行绘制。

6.2.2 平面素材的格式转换

1）执行"编辑"→"首选项"→"文件处理和剪贴板"菜单命令，弹出"首选项"对话框，在"退出时"处选中"PDF""AICB（不支持透明度）"复选框，选中"保留路径"单选按钮，如图 6-38 所示。

项目 8 仪表盘的制作（二）

2）框选所有图形，执行"编辑"→"复制"菜单命令，运行 Photoshop 软件，执行"文件"→"新建"菜单命令，弹出"新建文档"对话框，如图 6-39 所示。新建文档的尺寸是根据剪贴板的内容来设定的（也就是 Illustrator 中最后绘制的正方形），将"单位"设

73

置为"毫米"（可以看到尺寸显示为 100.33，它接近正方形的尺寸），"分辨率"设置为"300 像素/英寸"，完成高质量效果的图像设置，单击"确定"按钮完成创建。

图 6-38 "首选项"对话框的设置

图 6-39 "新建文档"对话框的设置

3）执行"编辑"→"粘贴"菜单命令，弹出"粘贴"对话框，选择"路径"单选按钮，如图 6-40 所示，单击"确定"按钮后即可把 Illustrator 中绘制的图形以路径方式导入 Photoshop，如图 6-41 所示。

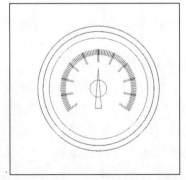

图 6-40 "粘贴"对话框　　图 6-41 把 Illustrator 中绘制的图形以路径方式导入 Photoshop

6.2.3 特效的绘制

1）在屏幕右侧单击"路径"按钮 ，打开"路径"面板，如图 6-42 所示，可以看到出现了名为"工作路径"的路径。"工作路径"是一个临时路径，绘制新路径后其内容会自动更新，所以要将它保存以免内容丢失。

项目 8 仪表盘的制作（三）

2）双击"工作路径"层，弹出"存储路径"对话框，"名称"为默认的"路径 1"，单击"确定"按钮，如图 6-43 所示。

图 6-42 "路径"面板

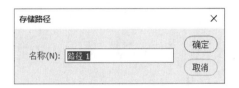

图 6-43 "存储路径"对话框

3）单击"图层"按钮 ，打开"图层"面板，单击面板下方的"创建新图层"按钮 ，双击新图层"图层 1"的名字处，输入"面板"，如图 6-44 所示，按〈Enter〉键。

4）单击左侧工具栏中的"默认前景色和背景色"按钮 ，再单击"切换前景色和背景色"按钮 ，此时"前景色"为"白色"，如图 6-45 所示。

图 6-44 新建图层并重命名

图 6-45 前景色和背景色设置工具

5）单击"图层"面板中"背景"层左侧的 按钮以隐藏"白色"背景，此时，背景显示透明，如图 6-46 所示。

6）选择左侧工具栏中的"直接选择工具"按钮 （这个工具 Illustrator 中也有，Illustrator 和 Photoshop 都是 Adobe 公司的产品，两者的界面和操作有很多相似处），选择图中的"表盘路径"（从外往里数第三圈），切换到"路径"面板，单击第一个"用前景色填充路径"按钮 ，图中出现了白色的填充区域，如图 6-47 所示。

7）选择"面板"图层，单击"添加图层样式"按钮，弹出下拉列表，选择"渐变叠

75

加",弹出"图层样式"对话框。对话框左侧列出了可添加的样式,"渐变叠加"复选框处于选中状态,并以蓝色反选,说明正在设置此样式,对话框中间是"渐变叠加"样式的设置区域,如图6-48所示。

图6-46 隐藏背景层

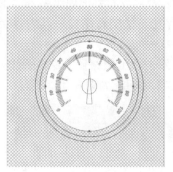

图6-47 前景色填充路径

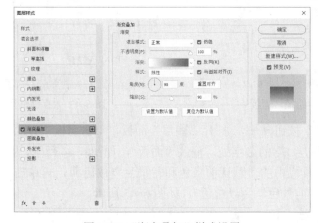

图6-48 "渐变叠加"样式设置

8)单击"渐变"色条,弹出"渐变编辑器"对话框,如图6-49所示。

9)双击"拾色器"按钮，弹出"拾色器(色标颜色)"对话框,选择一种深灰色,如图6-50所示,单击"确定"按钮,再单击"渐变编辑器"对话框中的"确定"按钮即可。

图6-49 "渐变编辑器"对话框

图6-50 "拾色器(色标颜色)"对话框

10）将"图层样式"对话框移开，可以看到图像效果，如图 6-51 所示。

11）如图 6-52 所示，在"图层样式"对话框中选中"反向"复选框，将"样式"设置为"径向"，单击"确定"按钮，效果如图 6-53 所示。

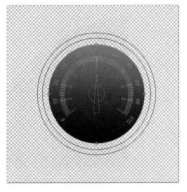
图 6-51 "渐变叠加"样式效果

图 6-52 修改"渐变叠加"样式的设置

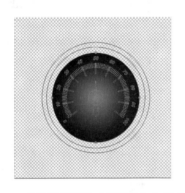
图 6-53 修改设置后的"渐变叠加"样式效果

12）再单击"添加图层样式"按钮，选择"斜面和浮雕"样式，弹出"图层样式"对话框。将右侧的"斜面和浮雕"样式中的"深度"设置为"50%"，"大小"设置为"250 像素"，如图 6-54 所示，单击"确定"按钮，效果如图 6-55 所示。

图 6-54 "斜面和浮雕"样式设置

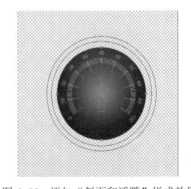
图 6-55 添加"斜面和浮雕"样式效果

13）单击"图层"面板中的"创建新图层"按钮，将新图层重命名为"边框"，切换到"路径"面板，单击"将路径作为选区载入"按钮，"表盘"路径变成了选区（可以按

〈Ctrl++〉组合键放大观察），如图 6-56 所示。

14）执行"编辑"→"描边"菜单命令，弹出"描边"对话框，将"宽度"设置为"10 像素"，如图 6-57 所示，单击"确定"按钮，效果如图 6-58 所示。

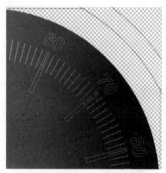

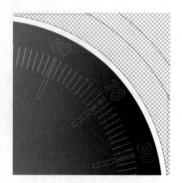

图 6-56 将路径作为选区载入　　　图 6-57 "描边"对话框　　　图 6-58 "描边"效果

15）切换回"图层"面板，单击"添加图层样式"按钮，选择"斜面和浮雕"样式，将"样式"设置为"内斜面"，"方法"设置为"雕刻清晰"，"大小"设置为"15 像素"，如图 6-59 所示。选中左侧样式列表中的"光泽"复选框，再对右侧的"光泽"样式参数进行设置，将"距离""大小"都设置为"5 像素"，如图 6-60 所示。选中左侧样式列表中的"投影"复选框，再对右侧的"投影"样式参数进行设置，将"距离""大小"都设置为"10 像素"，如图 6-61 所示，单击"确定"按钮，效果如图 6-62 所示。

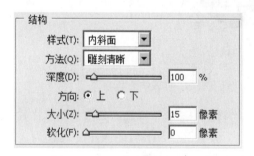
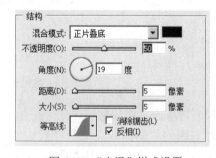

图 6-59 设置"斜面和浮雕"样式　　　图 6-60 "光泽"样式设置

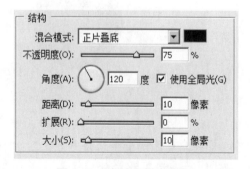
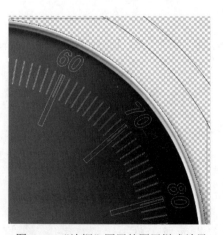

图 6-61 "投影"样式设置　　　图 6-62 "边框"图层的图层样式效果

16）单击"图层"面板中的"创建新图层"按钮，将新图层重命名为"大刻度"，切换到"路径"面板，使用"直接选择工具"，按住〈Shift〉键连续单击"大刻度"路径，单击"填充路径"按钮，把它们填充为白色，切换到"图层"面板，单击"添加图层样式"按钮，选择"颜色叠加"样式，单击"红色"色块，如图6-63所示，弹出"拾色器（叠加颜色）"对话框，单击屏幕右侧的"色板"按钮，弹出"色板"面板（如果它被其他面板挡住，可以将其移出），选择一种"黄色"，此时的"大刻度"就变为"黄色"，如图6-64所示，单击"确定"按钮。

图6-63 "颜色叠加"样式设置　　　　　　图6-64 "颜色叠加"样式效果

17）选中左侧样式列表中的"斜面和浮雕"复选框，将右侧的"方法"设置为"雕刻清晰"，"大小"设置为"3像素"，如图6-65所示。

18）选中左侧样式列表中的"投影"复选框，将右侧的"距离"设置为"0像素"，"大小"设置为"10像素"，单击"确定"按钮，如图6-66所示，效果如图6-67所示。

图6-65 "斜面和浮雕"样式设置　　　　　图6-66 "投影"样式设置

图6-67 "大刻度"图层效果

19)新建"小刻度"图层,在"图层"面板中的"大刻度"图层上单击鼠标右键,在弹出的快捷菜单中执行"拷贝图层样式"命令,再右击"小刻度"图层并执行"粘贴图层样式"命令。

20)选用"选择工具",先在空白处单击一次,再按住〈Shift〉键连续单击"小刻度"路径(数量较多,也可以按住〈Shift〉键框选,注意不要框选到其他路径,如果多框选了,按住〈Shift+Ctrl+Alt〉键单击多选的路径两次),切换到"路径"面板,单击"填充路径"按钮,观察"小刻度"图层效果,如图6-68所示。

21)切换到"图层"面板,展开"小刻度"图层,再单击"颜色叠加"左侧的按钮 隐藏该样式,如图6-69所示。

图6-68 "小刻度"图层效果

图6-69 隐藏"颜色叠加"样式

22)新建"小数字"图层,通过右键复制"小刻度"图层样式,并粘贴到"小数字"图层,使用"直接选择工具"选择"0~70"的数字路径,切换到"路径"面板,单击"填充路径"按钮完成填充。为了便于观察,在"路径"面板空白处单击就可隐藏所有路径显示,效果如图6-70所示。

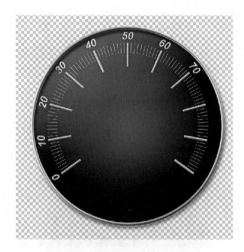

图6-70 "小数字"图层效果

23）切换到"图层"面板，新建"大数字"图层，通过使用右键复制"小刻度"图层样式，并粘贴到"大数字"层，切换到"路径"面板，选中"路径 1"，使用"直接选择工具"选择"80～100"的数字路径，单击"路径填充"按钮完成填充。单击"颜色叠加"左侧的按钮，并双击"颜色叠加"样式所在位置，弹出"图层样式"对话框，单击颜色色块，选择"色板"面板中的红色，单击"确定"按钮，再次单击"确定"按钮，如图 6-71 所示。

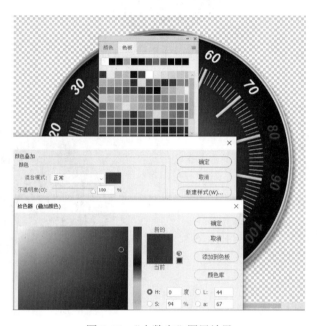

图 6-71 "大数字"图层效果

24）新建"指针"图层，它的图层样式复制自"小数字"图层，使用"直接选择工具"选中指针路径，单击"路径填充"按钮完成填充。单击"添加图层样式"按钮，选择"渐变叠加"样式，将"渐变叠加"样式的"不透明度"设置为"60%"，"角度"设置为"0 度"，再单击渐变色条，弹出"渐变编辑器"对话框，在渐变色条中部位置单击两次创建出距离较近的两个色标，如图 6-72 所示。

25）选择第 2 个色标，再单击右侧黑色区域，此色标就拾取了"黑色"；单击第 4 个色标，再单击灰色区域，此色标就拾取了"灰色"，此渐变用于模拟金属质感渐变，如图 6-73 所示。两次单击"确定"按钮，"指针"图层效果如图 6-74 所示。

图 6-72 添加色标　　　　　　　　　　图 6-73 模拟金属质感渐变

26）再新建"指针轴"图层，它的图层样式复制自"大数字"图层，使用"直接选择工具"选中指针轴路径（中间的小圆路径），单击"路径填充"按钮完成填充。单击"添加图层样式"按钮，选择"斜面和浮雕"样式，修改"大小"为"25 像素"，将"光泽等高线"设置为第 2 排第 3 个，如图 6-75 所示，单击"确定"按钮，效果如图 6-76 所示。

81

图6-74 "指针"图层效果

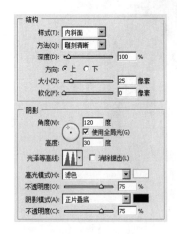

图6-75 "斜面和浮雕"样式设置修改

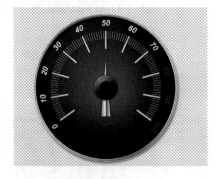

图6-76 "指针轴"图层效果

27)新建"反光"图层,按住〈Ctrl〉键单击"面板"图层后载入圆形选区,单击左侧工具栏中的 "矩形选择工具"按钮,按住〈Shift〉键竖直移动选区到如图6-77所示的位置(指针轴的上面一点),单击"渐变工具"按钮,在顶部工具选项栏中选择"前景到透明"渐变,如图6-78所示。

图6-77 移动选区位置

图6-78 选择"前景到透明"渐变

28）按住〈Shift〉键在图面中竖直由下而上拉出渐变，如图 6-79 所示。

29）再单击"矩形选择工具"按钮，把选区竖直移动到下面，再拉出一个更浅的渐变，完成后执行"选择"→"取消选择"菜单命令（快捷键〈Ctrl+D〉），效果如图 6-80 所示。

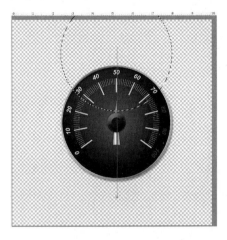

图 6-79　竖直由下而上拉出渐变

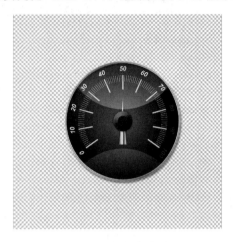

图 6-80　渐变效果

30）再执行"滤镜"→"模糊"→"高斯模糊"菜单命令，弹出"高斯模糊"对话框，将"半径"设置为"8"，效果如图 6-81 所示。

图 6-81　"高斯模糊"效果

31）切换到"图层"面板，单击"面板"图层，按住〈Shift〉键再单击"反光"图层，就能选中所有图层，如图 6-82 所示。执行"图层"→"新建"→"从图层建立组"菜单命令，弹出"新建组"对话框，在"名称"文本框中输入"仪表盘"作为组的名字，如图 6-83 所示，再察看"图层"面板，此时只有"仪表盘"一个组了，如图 6-84 所示。

32）单击"仪表盘"组左侧的箭头图标，可以展开组，按住〈Ctrl〉键单击"面板"图层以载入圆形选区，再单击"添加图层蒙版"按钮给"仪表盘"组添加蒙版（蒙版的作用是遮住不想要显示的图像），如图 6-85 所示（观察蒙版，白色表示显示图像，黑色表示遮住图像，所以选区外的图像都被蒙版遮住了，这个操作可以保证选区外没有多余的图像）。

83

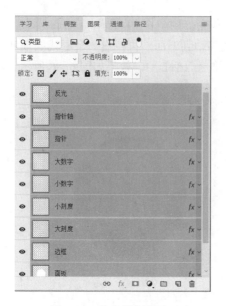

图 6-82 选中所有图层

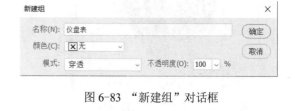

图 6-83 "新建组"对话框

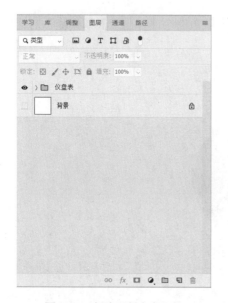

图 6-84 创建"仪表盘"组

图 6-85 给"仪表盘"组添加蒙版

33）执行"文件"→"存储"菜单命令，最后单击"确定"按钮。

6.2.4 合成

1）单击"仪表盘"组左侧的箭头图标将组折叠回去，执行"选择"→"全部"菜单命令，然后执行"编辑"→"合并拷贝"菜单命令，再执行"编辑"→"粘贴"菜单命令，发现"图层"面板中的顶部多了一个图层，它是"仪表盘"组的合并图层效果，把它命名为"合并"，单击"仪表盘"组左侧的按钮 将其隐藏，"图层"面板如图 6-86 所示。

2)选择"背景"图层并把它显示出来,执行"编辑"→"填充"菜单命令,弹出"填充"对话框,将"内容"设置为"背景色",单击"确定"按钮,如图 6-87 所示。

图 6-86 合并图层

图 6-87 "填充"对话框

3)选中"合并"图层,单击"添加图层样式"按钮,选择"外发光"样式,将"不透明度"设置为"50%","大小"设置为"80 像素",如图 6-88 所示。再选择左侧样式列表中的"描边"样式,将"大小"设置为"2 像素","颜色"设置为"黑色",如图 6-89 所示,单击"确定"按钮,效果如图 6-90 所示。

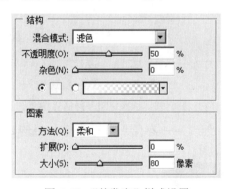

图 6-88 "外发光"样式设置

图 6-89 "描边"样式设置

4)切换到"图层"面板,选中"合并"图层往"创建新图层"图标上拖曳,即复制出一个副本,且自动命名为"合并 拷贝",位于"合并"图层下面,单击鼠标右键并在弹出的快捷菜单中执行"清除图层样式",如图 6-91 所示。

5)执行"编辑"→"自由变换"菜单命令,按住〈Shift〉键拖动定界框右上角控制点,把图像变大(按〈Ctrl+-〉适当缩小视图显示),如图 6-92 所示,按〈Enter〉键确定。

6)使用工具栏的"移动工具"适当调整一下"合并"图层与"合并 拷贝"图层的位置,选中"合并 拷贝"图层将"填充"设置为"70%",如图 6-93 所示。

图 6-90 "合并"图层的图层样式效果

图 6-91 合并图层并清除图层样式

图 6-92 缩小视图

图 6-93 调整位置并降低"填充"值

7）至此，就完成了仪表盘的制作，执行"文件"→"存储"菜单命令，最终效果如图 6-94 所示。

图 6-94 仪表盘的最终效果

6.3 练习

使用本节所讲的制作方法,完成如图 6-95 所示的摄像头镜头效果的制作。

图 6-95 摄像头镜头效果

第 7 章　二维动画素材的处理与制作

本章要点
- 设置舞台大小及播放速度
- 添加图层
- 修改图层名
- 导入图片到舞台
- 插入静止帧
- 绘制遮罩图形
- 插入关键帧
- 制作补间动画
- 添加遮罩效果
- 保存

动画是一种艺术表现形式，比如民间的走马灯和皮影戏等都是动画形式。现代意义的动画是在摄影机出现以后才发展起来的，并且随着科学技术的不断发展，又注入了许多新的元素。

Flash 动画是一种交互式动画格式，是用计算机与动画开发软件相结合制作而成的。它也是目前网络上最流行的动画格式之一。

7.1　基础知识

7.1.1　什么是动画

动画是通过连续播放一系列画面，给视觉造成连续变化的图画。它的基本原理与电影、电视一样。人类具有"视觉暂留"的特性，利用这一特性，在一幅画还没有消失前播放出下一幅画，就会给人造成一种流畅的视觉变化效果。因此，电影采用了每秒 24 幅画面的速度拍摄播放，电视采用了每秒 25 幅（PAL 制）或 30 幅（NSTC 制）画面的速度拍摄播放（如果以低于每秒 24 幅画面的速度拍摄播放，就会出现画面停顿现象）。

从制作技术和手段看，动画目前可以分为以手工绘制为主的传统动画和以计算机为主的电脑动画。从空间的视觉效果上看，又可分为平面动画和三维动画。从每秒的画面幅数来分，还有全动画（每秒 24 幅）和半动画（少于 24 幅）之分。

7.1.2　动画的制作流程

制作一部动画片是一个烦琐的过程，它需要多个部门齐心协力，相互配合。

1．传统动画的制作

1）企划。制作公司预测动画片的市场、开发周期等问题。

2）文字剧本。制订开发计划后，就要创作合适的文字剧本，一般这项工作由编剧完成。

3）故事脚本。剧本创作完之后，要将其改成故事脚本。故事脚本是以图像、文字、标记说明为组成元素，用来表达具体的场景。在故事脚本中，每一幅图中的人物、背景、摄影角度、动作可以简单地绘出，计算出相应的时间。

4）造型与美术设定。原画师创作出片中的人物造型，人物的正面、侧面、背面的造型都要表示清楚。

5）场景设计。设计人物所处的环境。

6）构图。以构图为分界线，从企划到构图可以作为设计阶段。构图这个过程也是非常重要的，要指明人物是如何活动的，如人物的位置、动作、表情，还要标明各个阶段要运用的镜头等。

7）绘制背景。动画的每一帧基本上都是由两部分叠加组成的。下部分是背景，上部分是角色。背景是根据构图中的背景部分绘制成的彩色画稿。

8）原画。原画应该将人物刻画得富有生命感。

9）动画。动画师的任务是使角色的动作连贯。由于原画师的原画表现的只是角色的关键动作，因此角色的动作并不连贯。在这些关键动作之间要将角色的中间动作插入补齐，这就是动画。

10）影印描线。把原动画稿用流畅的线条描在动画纸上，然后进行扫描。

11）定色与着色。把扫描到计算机里的动画线稿用软件按照定好的颜色进行上色。

12）总检。对上述工作整体检查。

13）剪辑合成。把动作和背景合在一起，加上必要的特效，形成动画片画面的最终效果。

14）配音、配乐与音效。一部影片的声音效果是非常重要的。好的配乐可以起到锦上添花的效果。

上述的过程是传统的动画制作流程。现代动画制作流程与其在步骤上类似，但在处理方法上却大不相同，最根本的区别是使用计算机制作。

2．现代动画的制作

（1）总体设计阶段

1）剧本。动画片的剧本与真人表演的故事片剧本有很大不同。动画片中尽可能避免复杂的对话。动画片最重要的是用画面表现出视觉动作。好的动画是通过动作取得观众的认可，其中没有对话，而是靠视觉创作激发人们的想象。

2）故事板。根据剧本，导演要绘制出类似连环画的故事草图（分镜头绘图剧本），将剧本描述的动作表现出来。故事板由若干片段组成，每一片段由系列场景组成，一个场景一般被限定在某一地点和一组人物内，而场景又可以分成一系列被视为图片单位的镜头，由此构造出一部动画片的整体结构。

3）摄制表。摄制表是导演编制的整个影片制作的进度规划表，以指导动画创作集体中的各方人员统一协调地工作。

(2)设计制作阶段

1)设计。设计工作是在故事板的基础上,确定背景、前景及道具的形式和形状,完成场景环境和背景图的设计、制作。对人物或其他角色进行造型设计,并绘制出每个造型的几个不同角度的标准页,以供其他动画人员参考。

2)音响。在制作动画时,因为动作必须与音乐匹配,所以音响录音必须在动画制作之前进行。录音完成后,编辑人员还要把记录的声音精确地分解到每一幅画面位置上,即第几秒(或第几幅画面)开始说话,说话持续多久等。最后要把全部音响历程(或称音轨)分解到每一幅画面位置与声音对应的条表,供动画人员参考。

(3)具体创作阶段

1)原画创作。原画创作是由动画设计师绘制出动画的一些关键画面。通常是一个设计师只负责一个固定的人物或其他角色。

2)中间插画制作。中间插画是指两个重要位置或框架图之间的图画,一般就是两张原画之间的一幅画。在各原画之间追加的内插的连续动作的画,要符合指定的动作时间,使之能表现得接近自然动作。

3)誊印和描线。前几个阶段所完成的动画设计均是铅笔绘制的草图。草图完成后,使用特制的静电复印机将草图誊印到醋酸胶片上,然后再用手工给誊印在胶片上的画面的线条进行描墨。

4)着色。动画片通常都是彩色的,这一步是对描线后的胶片进行着色(或称上色)。

(4)拍摄制作阶段

1)检查。检查是拍摄阶段的第一步。在每一个镜头的每一幅画面全部着色完成之后,拍摄之前,动画设计师需要对每一场景中的各个动作进行详细的检查。

2)拍摄。动画片的拍摄,使用中间有几层玻璃层、顶部有一部摄像机的专用摄制台。拍摄时将背景放在最下一层,中间各层放置不同的角色或前景等。拍摄中可以移动各层产生动画效果,还可以利用摄像机的移动、变焦、旋转等变化和淡入等特技功能,生成多种动画特技效果。

3)编辑。编辑过程主要完成动画各片段的连接、排序、剪辑等。

4)录音。编辑完成之后,编辑人员和导演开始选择音响效果配合动画的动作。在所有音响效果选定并能很好地与动作同步之后,编辑和导演一起对音乐进行复制。再把声音、对话、音乐、音响都混合到一个声道上,最后记录在胶片或录像带上。

7.1.3 Flash 动画的应用范围

随着网络的发展,Flash 动画软件版本也在逐渐升级,强大的动画编辑功能及操作平台使 Flash 动画的应用范围越来越广泛,主要体现在以下几个方面。

1. 网络广告

网络广告主要用于宣传网站、企业和商品等方面。用 Flash 制作出来的广告,主题色调鲜明,文字简洁,可看性高,容易吸引客户的目光。

Flash 网站的优势在于其良好的交互性,能给用户带来全新的互动体验和视觉享受。通常,很多网站都会引入 Flash 元素,以增加页面的美观性来提高网站的宣传效果,比如网站中的导航条、Banner(网站页面的横幅广告)、产品展示、引导页等。有时也会通过 Flash 来制作整个网站。

Flash 导航条在网站中的应用十分广泛。通过它可以展现导航的"活泼"性，从而使得网站更加灵活，当网站栏目较少时，可以制作简单且美观的菜单；当网站栏目较多时，又可以制作活跃的二级菜单项目。图 7-1 展示的是一个网站上的 Flash 导航条。

图 7-1 Flash 导航条

2．交互游戏

Flash 交互游戏，其本身的内容允许浏览者直接参与，并提供互动的条件。Flash 游戏多种多样，主要体现在鼠标和键盘的操控。

3．动画短片

Flash MTV 是一种典型的动画短片。制作 Flash MTV，要求开发人员有一定的绘画技巧以及丰富的想象力。

4．教学课件

教学课件是在计算机上运行的教学辅助软件，集图、文、声于一体，是通过直观生动的形象来提高课堂教学效率的一种辅助手段。

7.1.4 帧

帧是制作动画的核心，它们控制着动画的时间和动画中各种动作的发生。动画中帧的数量及播放速度决定了动画的长度。其中，最常用的帧类型有以下几种。

1．关键帧

制作动画过程中，在某一时刻需要定义对象的某种新状态，这个时刻所对应的帧被称为关键帧。关键帧是变化的关键点，如渐变动画的起点和终点，逐帧动画的每一帧都是关键帧。关键帧数目越多，文件体积就越大。所以，同样内容的动画，逐帧动画的体积比渐变动画的体积大得多。

在需要插入关键帧的帧上单击鼠标右键，在弹出的快捷菜单中选择"插入关键帧"命令。有内容的关键帧，即实关键帧，用实心圆点表示；无内容的关键帧，即空白关键帧，用空心圆点表示。每层的第 1 帧默认为空白关键帧，可以在上面创建内容，一旦创建了内容，空白关键帧就变成了实关键帧。

2．普通帧

普通帧也称为静态帧，在时间轴中显示为一个个矩形单元格。无内容的普通帧显示为空白单元格，有内容的普通帧显示出一定的颜色，例如，静止实关键帧后面的普通帧显示为灰色。

关键帧后面的普通帧将继承该关键帧的内容，例如，制作动画背景就是将一个含有背景图案的关键帧的内容沿用到后面的帧上。

3．过渡帧

过渡帧实际上也是普通帧。过渡帧中包括了许多帧，但其中至少要有两个帧：起始关键帧和结束关键帧。起始关键帧用于决定动画主体在起始位置的状态，而结束关键帧则决定动画主体在终点位置的状态。

在 Flash 中，利用过渡帧可以制作两类过渡动画，即运动过渡和形状过渡。不同颜色代表不同类型的动画，此外，箭头、符号和文字等信息用于识别各种帧的类别。

7.1.5 Flash 元件

1．图形元件

图形元件可用于静态图像，并可用来创建连接到主时间轴的可重用动画片段。图形元件与主时间轴同步运行。与影片剪辑和按钮元件不同，用户不能为图形元件提供实例名称，也不能在动作脚本中引用图形元件。

图形元件的对象可以是导入的位图图像、矢量图像、文本对象以及用 Flash 工具创建的线条、色块等。执行"插入"→"新建元件"菜单命令，在"名称"文本框中输入元件名称，再在"类型"下拉列表框中选择"图形"，进入绘图环境，用工具箱中的工具来创建图形。

2．影片剪辑元件

执行"插入"→"新建元件"菜单命令，在"名称"文本框中输入元件名称，在"类型"下拉列表框中选择"影片剪辑"。影片剪辑元件是一种可重用的动画片段，拥有各自独立于主时间轴的多帧时间轴。它可以把场景上任何看得到的对象，甚至整个时间轴内容创建为一个影片剪辑元件，还可以将这个影片剪辑元件放置到另一个影片剪辑元件中或者将一段动画（如逐帧动画）转换成影片剪辑元件，例如，时钟的秒针、分针和时针一直以中心点不动，按一定间隔旋转，因此，在制作时钟时，应将这些针创建为影片剪辑元件，如图 7-2 所示。

图 7-2　时钟指针旋转

3．按钮元件

执行"插入"→"新建元件"菜单命令，在弹出的"创建新元件"对话框中，先在"名称"文本框中输入元件名称，再在"类型"下拉列表框中选择"按钮"，如图 7-3 所示。

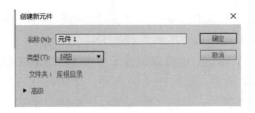

图 7-3 "创建新元件"对话框

使用按钮元件可以创建用于响应鼠标单击、滑过或其他动作的交互式按钮。开发者可以定义与各种按钮状态关联的图形，然后将动作指定给按钮实例。

按钮实际上是 4 帧的交互影片剪辑。当为元件选择按钮行为时，Flash 会创建一个包含 4 帧的时间轴。前 3 帧显示按钮的 3 种可能状态，第 4 帧定义按钮的活动区域。时间轴实际上并不播放，它只是对指针运动和动作做出反应，跳转到相应的帧，如图 7-4 所示。

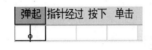

图 7-4 按钮行为

要制作一个交互式按钮，可把该按钮元件的一个实例放在舞台上，然后给该实例指定动作。必须将动作分配给文档中按钮的实例，而不是分配给按钮时间轴中的帧。

按钮元件的时间轴上的每一帧都有一个特定的功能。

第 1 帧：弹起状态，代表指针没有经过按钮时该按钮的外观。

第 2 帧：指针经过状态，代表指针滑过按钮时该按钮的外观。

第 3 帧：按下状态，代表单击按钮时该按钮的外观。

第 4 帧：单击状态，定义响应鼠标单击的区域。此区域在 SWF 文件中是不可见的。

7.1.6 Flash 图层

图层是 Flash 中一个非常重要的概念，灵活运用图层可以帮助用户制作出更多精彩效果的动画。

图层类似于一张透明的薄纸，每张纸上都绘制着一些图形或文字，而一幅作品就是由许多张这样的薄纸叠加在一起形成的。它可以帮助用户组织文档中的插图，可以在图层上绘制和编辑对象，而不会影响其他图层上的对象。

图层具有独立性，当改变其中的任意一个图层上的对象时，其他图层上的对象保持不变。在操作过程中，不仅可以加入多个层，而且可以通过图层文件夹来更好地组织和管理这些层。

7.2 项目 9 春联的制作（Flash）

7.2.1 导入素材

1）打开 Flash 软件，设置舞台大小及播放速度。

项目 9 春联的制作

执行"文件"→"新建"菜单命令,在"新建文档"对话框中,将"宽"设置为"550像素","长"设置为"400 像素","帧频"设置为"24.00fps","背景颜色"设置为"白色<#FFFFFF>",单击"确定"按钮。这样就设置了一个 550 像素×400 像素的舞台。

2)添加图层和修改图层名。根据作品的需要,动画共有 3 个图层,分别是"背景""文字"和"遮罩"。具体步骤为:单击"插入图层"按钮 两次,添加两个新图层;双击图层名,当其变成蓝色后,将文件名"图层 1"改为文件名"背景";用同样的方法,将"图层2"和"图层 3"分别改为"文字"和"遮盖"。

3)导入文件夹中的"春联.jpg"文件作为素材。具体步骤为:①选择"背景"图层的第 1 帧,如图 7-5 所示,使其变成蓝色。这一步非常关键,实际操作中经常有人会忘记,导致后面返工。②执行"文件"→"导入"→"导入到库"菜单命令,在"导入"对话框中,选择素材文件夹中的"背景.jpg"文件。如图 7-6 所示,导入图片后,将库中的"背景.jpg"拖动至舞台中,此时"背景"层的第一帧的空心小圆点变成实心小圆点,表示此帧中已有内容。

图 7-5 选择"背景"图层的第 1 帧　　　　图 7-6 将库中的"背景.jpg"拖动至舞台中

4)将图片放大到整个舞台。具体步骤为:①在时间轴右上方的"舞台比例"下拉列表中选择"符合窗口大小"选项,使始终能显示整个舞台。②在菜单栏中执行"窗口"→"对齐"命令,如图 7-7 所示,在"对齐"面板中选中"与舞台对齐"复选框,分别单击"匹配宽度"按钮 、"匹配高度"按钮 、"水平中齐"按钮 和"垂直中齐"按钮 ,调整之后,图片将占满整个舞台。

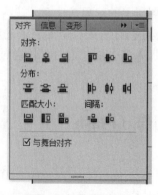

图 7-7 "对齐"面板

7.2.2 添加文字

1)插入静止帧。在"背景"图层第 60 帧,单击鼠标右键,在弹出的快捷菜单中选择"插入帧"命令,如图 7-8 所示。这一操作的目的是使背景图片能延续到第 60 帧。

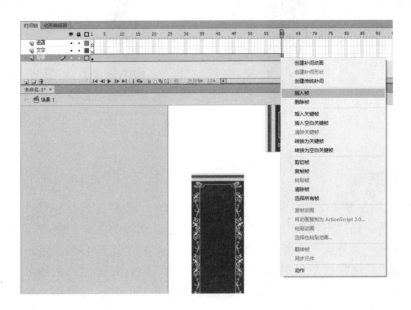

图 7-8 "插入帧"命令

2)制作文字。单击"文字"图层的第 1 帧,选择第 1 帧。单击工具栏中的"文本工具"。在横幅上单击,如图 7-9 所示,输入"五福临门"。单击工具栏中的"选择工具",将已经输入的"五福临门"拖动至横幅正中央。在如图 7-10 所示的属性面板中,在"字符"选项组的"系列"下拉列表框中选择"华文行楷",将"大小"设置为"30.0 点","颜色"设置为黑色(#000000)。以相同的方法制作"爆竹播欢声,无地不春风",如图 7-11 所示。在"文字"图层第 60 帧上单击鼠标右键,在弹出的快捷菜单中选择"插入帧"命令。这一操作的目的是使文字能延续到第 60 帧。

图 7-9 输入"五福临门"

图 7-10 设置文字属性

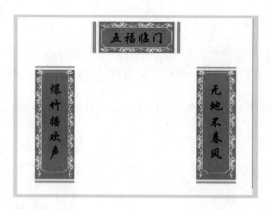

图 7-11 制作"爆竹播欢声,无地不春风"

7.2.3 添加遮罩

1)制作遮罩图形。选中"遮罩"图层第 1 帧,单击工具栏中的"矩形工具",如图 7-12 所示,在"五福临门"前画一个矩形。以同样的方法分别在"爆竹播欢声"和"无地不春风"上方画一个矩形,需要注意的是,3 个矩形必须颜色不一样,以免做补间动画时出错。选择遮罩层第 60 帧,单击鼠标右键,在弹出的快捷菜单中选择"插入帧"命令,这一操作的目的是使文字也能延续到第 60 帧。先做第一个遮罩,选择遮罩层第 20 帧,单击鼠标右键,在弹出的快捷菜单中选择"插入关键帧"命令,这样第 20 帧处的任何变动都不会影响前 19 帧。单击工具栏中的"选择工具",选择 20 帧处的矩形,随后单击工具栏中的"任意变形工具",此时矩形会变成可缩放状态,然后单击矩形中央的白色空心圆圈,按住鼠标左键不放,拖动选框的左边中点,让白色空心圆自动吸附至中点,如图 7-13 所示。此时,将鼠标移至选框右侧并且拖动拉长矩形,将整行文字覆盖,如图 7-14 所示。第 1 帧制作完毕,是一个细长的矩形;第 20 帧则是一个宽大的矩形,在第 1 帧和第 20 帧中间的任意一帧单击鼠标右键,在弹出的快捷菜单中选择"创建补间形状"命令。再做第二个遮罩,现在需要在 40 帧处先插入关键帧,选中"爆竹"上方的矩形,更改形状。但是这次把中间的空心圆拖动至选框上方中点,为了让图形从上至下拉长。把矩形拉长后,创建补间动画(同第一个遮罩)。最后做第三个遮罩,同样在第 60 帧处插入关键帧,改变矩形并遮掉"无地不春风",然后创建补间动画。

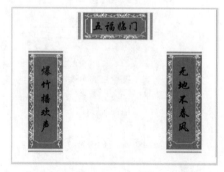

图 7-12 画矩形

图 7-13 白色空心圆圈拖动至选框中点

2）添加遮罩效果。如图 7-15 所示，单击鼠标右键，在弹出的快捷菜单中选择"遮罩层"命令，这样，春联动画就做完了，按〈Ctrl+Enter〉组合键观看刚才制作的动画。

图 7-14　拉长矩形遮住文字

图 7-15　添加遮罩层

7.2.4　保存

一般，保存文件有两种格式，如果未来还可能修改，那么一定要以 FLA 格式存储。

1）储存为 FLA 格式：执行"文件"→"保存"菜单命令，以"春联"为文件名存入相应的文件夹（程序会自动添加.fla 扩展名）。

2）储存为 SWF 格式：执行"文件"→"导出"→"导出影片"菜单命令，以"春联.fla"命名保存文件。

7.3　练习

制作一张电子动态贺年卡，并发给你的朋友，让他打分并回复你。

第 8 章　三维动画素材的处理与制作

本章要点
- 可编辑多边形
- 分离建立的模型
- 多边形平滑
- 用插件 RealFlow 4.0 制作流体

流体动画效果

三维制作，可以细分为建模、材质、灯光、动画等。在本章中，使用多边形进行建模，进行材质的编辑，流水的动画设定（注：本章使用软件为 3ds Max 2018 版本）。

8.1　基础知识

8.1.1　拉伸图形

8.1.1　拉伸图形

1）单击"创建面板"按钮，选择下排的"图形"，再选择"星形"，在透视图中拖动绘制出一个星形。将"半径 1"设置为"30.0"，"半径 2"设置为"15.0"，"点"设置为"5"，其他不变，如图 8-1 所示。

2）选中星形，单击"修改面板"按钮，在"修改器列表"中选择"挤出"，将"数量"设置为"15"，此时二维的星形成为立体的造型，如图 8-2 所示。

图 8-1　星形参数

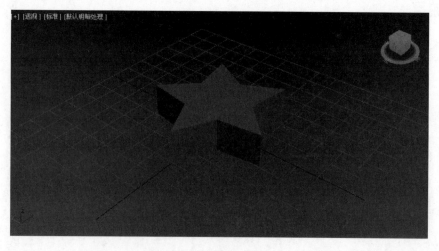

图 8-2　"挤出"效果

3）选中星形，按〈F3〉键打开显示线框，在"修改器列表"中选择"四边形网格化"，此时可以观察到物体内部的网格变换，如图 8-3 所示。

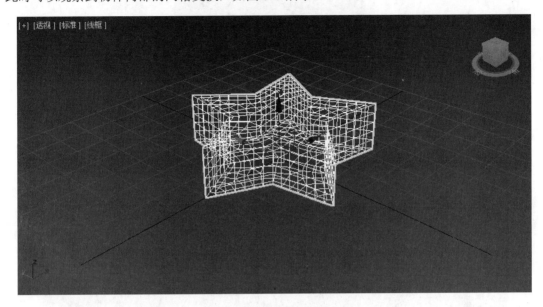

图 8-3 "四边形网格化"效果

4）在"修改器列表"中选择"网格平滑"，按〈F3〉键取消线框显示，此时星形棱边都呈现圆角状态，如图 8-4 所示。

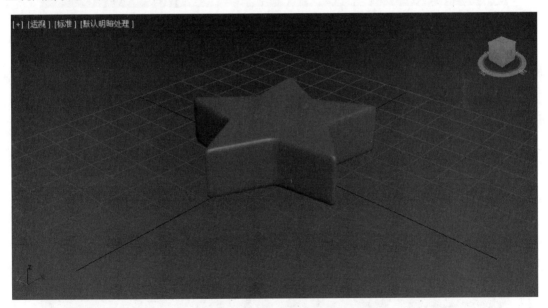

图 8-4 "网格平滑"效果

5）选中图 8-5 所示"堆栈项"中的"四边形网格化"，将面板中的"四边形大小%"修改为"10"并按〈Enter〉键，此时棱边圆角变大，如图 8-6 所示。

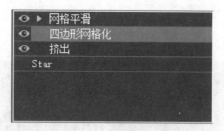

图 8-5 "堆栈项"

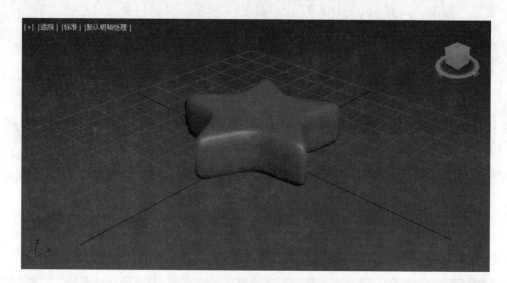

图 8-6 修改四边形参数后的效果

8.1.2 旋转图形

1)单击"创建面板"按钮,选择下排的"图形",选择"线",在前视图中绘制一条线段,如图 8-7 所示。

8.1.2 旋转图形

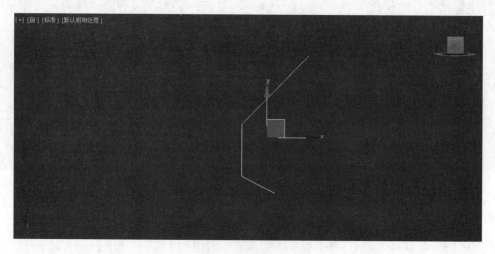

图 8-7 绘制线段

2)单击"修改面板"按钮,在"修改器列表"中选择"车削",在右侧面板"对齐"处选择"最小",效果如图8-8所示。

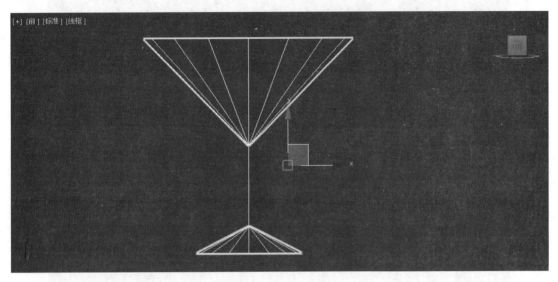

图8-8 "车削"效果

3)单击"堆栈项"中"车削"左侧的"+"符号,选中"轴"。使用"移动工具"沿水平方向拖动轴,以调整酒杯颈部,如图8-9所示。

图8-9 调整中心轴位置

4)在"堆栈项"中选择"Line",单击 ▇ 使其切换为 ▇,在右侧面板中单击 ▇ 使其切换为 ▇,在视图中选择颈部的节点,使用"移动工具"调整其位置,如图8-10所示。

5)选中右上角的节点并单击鼠标右键,在弹出的快捷菜单中选择"Bezier角点"命令,使用"移动工具"移动手柄,此时杯口处将变为弧形,如图8-11所示。

101

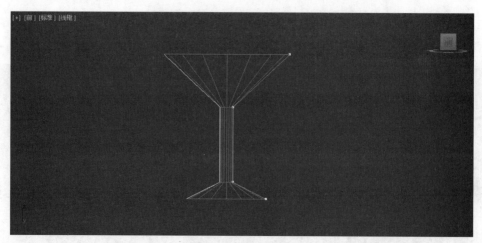

图 8-10 调整节点

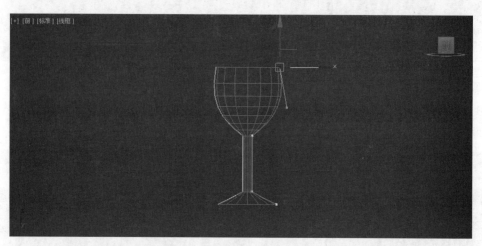

图 8-11 "Bezier 角点"效果

6）切换到透视图，杯子的法线显示出现杯子里外材质反了的问题，如图 8-12 所示。

图 8-12 法线显示问题

7）选择面板中的"翻转法线"使外侧面显示出来，如图 8-13 所示。

图 8-13 "翻转法线"效果

8）在"修改器列表"中选择"壳"，杯子将呈现出厚度，如图 8-14 所示。

图 8-14 "壳"效果

8.1.3 图形凹凸

8.1.3 图形凹凸

1）打开 Photoshop 软件，新建宽度和高度均为 500 像素、分辨率为 72 像素/英寸（ppi）的画纸，用黑色填充，如图 8-15 所示。

2）在工具栏中选择"自由形状工具"，在顶部属性栏中把绘制方式选择为"路径"，选择如图 8-16 所示的"爪子"图形（第 3 排第 3 个），同时按住〈Alt+Shift〉键用鼠标在图纸中间拖动绘制出一条路径，如图 8-17 所示。

3）切换到"路径面板"，使用"选择工具"选择"爪子"路径，把"前景色"设置为"白色"，单击"用前景色填充路径"按钮，如图 8-18 所示。

图 8-15 新建画纸

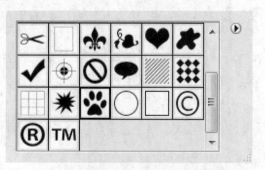

图 8-16 "自由形状工具"中的图形

图 8-17 图形路径

图 8-18 白色填充路径效果

4）执行"滤镜"→"模糊"→"高斯模糊"菜单命令，"半径"设为"15.0"，效果如图 8-19 所示。

5）存储文件为 zhua.jpg。

6）单击"创建面板"按钮，选择"几何体"，再选择"平面"，在透视图中创建一个平面。将"长度""宽度"均设置为"50.0"，"长度分段""宽度分段"均设置为"10"，如图 8-20 所示。

图 8-19 "高斯模糊"效果

图 8-20 "平面"参数

7）单击"材质编辑器"按钮，选中一个材质球，单击"贴图"卷展栏，在"置换"右侧单击"无贴图"，如图 8-21 所示。

8）弹出"材质/贴图浏览器"，选择"位图"，单击"确定"按钮，选择 zhua.jpg 图片文件，材质球呈现变形形态，如图 8-22 所示。

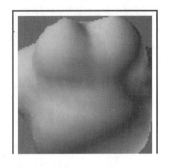

图 8-21 "贴图"卷展栏　　　　　　　图 8-22 材质球呈现变形形态

9）选中视图中的平面对象，单击按钮"将材质指定给选定对象"，将材质赋予对象。

10）单击"修改面板"按钮，选用"置换近似"修改器。

11）单击"渲染产品"按钮，此时平面对象已经发生了形变，如图 8-23 所示。

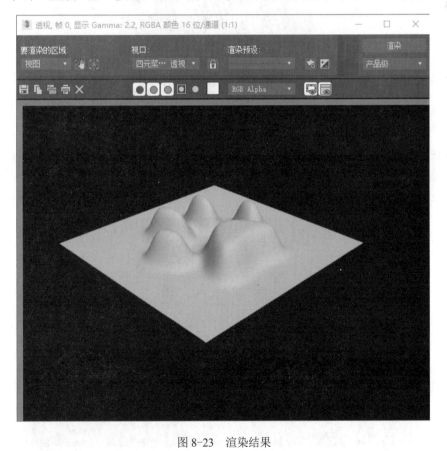

图 8-23 渲染结果

8.2 项目 10 倒水的水壶制作（3ds Max+RealFlow）

项目 10 倒水的水壶制作（一）

8.2.1 水壶建模

1）运行 3ds Max 2018 软件，执行"自定义"→"单位设置"菜单命令，弹出"单位设置"对话框，单击"系统单位设置"按钮，在"系统单位设置"对话框中把"单位"设置为"毫米"，单击"确定"按钮，将"公制"也设为"毫米"，单击"确定"按钮完成单位设置，如图 8-24 所示。

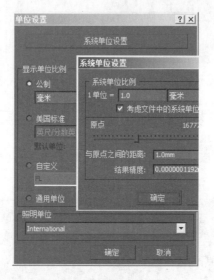

图 8-24 "单位设置"对话框

2）在界面右侧单击"创建面板"按钮，单击"茶壶"按钮，在顶视图中央按住鼠标左键，拖动绘制出一个茶壶，在右侧的"创建面板"中将"半径"设置为"50.0"，单击鼠标右键完成创建。创建的茶壶如图 8-25 所示。

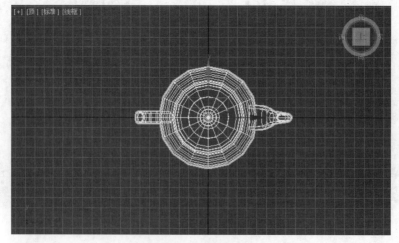

图 8-25 创建的茶壶

3)在界面右侧单击"修改面板"按钮,选择"Teapot",单击鼠标右键,在弹出的快捷菜单中选择"可编辑多边形"命令,如图8-26所示。

4)单击茶壶后,茶壶表面发生了变化,单击"元素"按钮,在顶视图中单击茶壶的嘴部,嘴部显示为红色,如图8-27所示。在面板右侧单击"分离"按钮,如图8-28所示,弹出"分离"对话框,单击"确定"按钮,如图8-29所示。

图8-26 转换为"可编辑多边形"

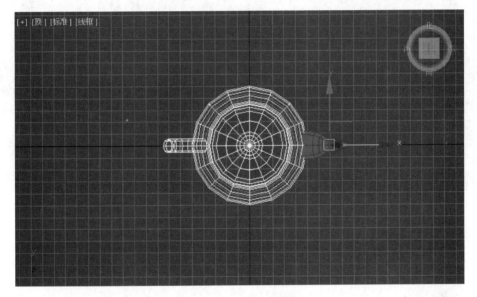

图8-27 选中茶壶嘴

图8-28 "分离"按钮

图8-29 "分离"对话框

5）用相同的方法"分离"茶壶盖和茶壶柄，茶壶嘴、盖、柄、身变成独立的分散部件，如图 8-30 所示。

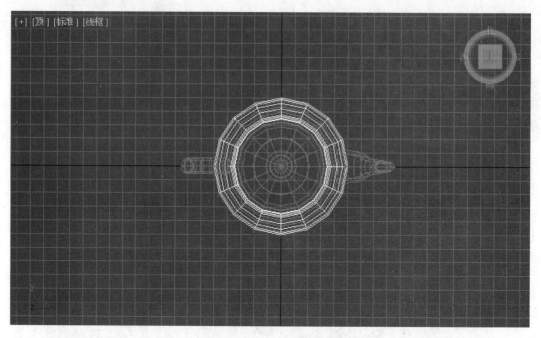

图 8-30 "分离"效果

6）执行"工具"→"孤立当前选择"菜单命令，单击透视图，再单击界面右下角的"最大化显示选定对象"按钮，在孤立模式下的透视图中更直观地观察到茶壶身，如图 8-31 所示。

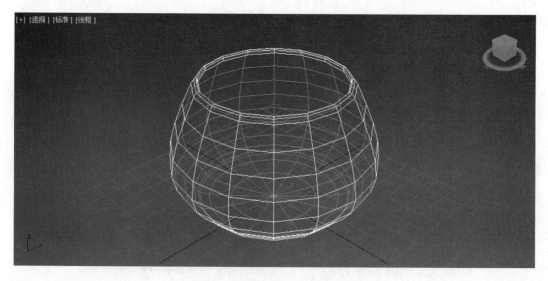

图 8-31 在孤立模式下的茶壶身

7）单击右侧面板中的"边界"按钮，选中茶壶身的口部，向下拖动滚动条，找到"封口"按钮并单击，按〈F3〉键以"平滑+高亮"方式显示视图，如图8-32所示。

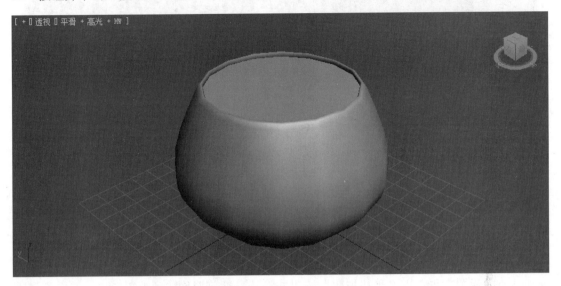

图8-32 茶壶身口部"封口"

8）单击"退出孤立模式"按钮，单击一次右侧的"可编辑多边形"按钮，即可取消选中口部边界。在透视图中选中茶壶嘴，再次执行"工具"→"孤立当前选择"菜单命令，单击界面右下角的"旋转"按钮，在透视图中对视图进行旋转，以显示茶壶嘴的后半部分，如图8-33所示。它也是开放的，单击"边界"按钮将它们封闭，如图8-34所示。

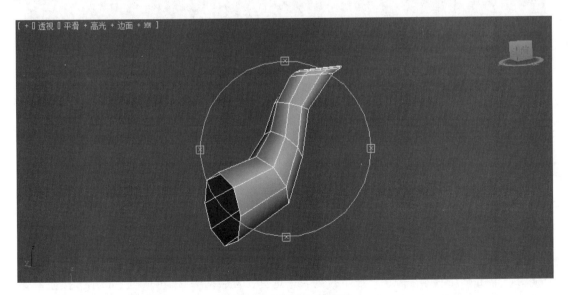

图8-33 "环绕"透视图

109

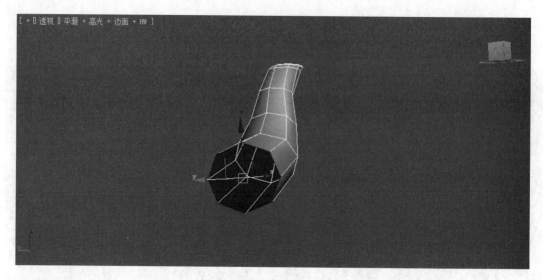

图 8-34 将开放处"封口"

9)单击"旋转"按钮,调整视图以观察茶壶嘴前端,单击"缩放"按钮并在透视图上拖动以放大视图,再单击"平移视图"按钮并将茶壶嘴前端移动到视图中央,选中茶壶嘴前端的开放环,如图 8-35 所示,按〈Delete〉键删除,此时不仅删除了边界,同时也删除了与之相连的面片,使开口变大,如图 8-36 所示。使用"封口"将开口封闭,如图 8-37 所示。

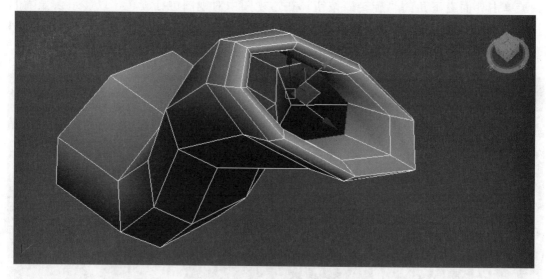

图 8-35 选中茶壶嘴前端的开放环

10)单击"退出孤立模式"按钮,单击"可编辑多边形"按钮以取消边界选择。选中茶壶身,单击"几何体"按钮,在下拉列表中选择"复合对象",再单击"布尔"按钮,如图 8-38 所示。单击"拾取操作对象 B"按钮,确认选择的是"并集"。在透视图中单击茶壶嘴,观察前视图的变化情况。如图 8-39 所示,原本分离的两部分合并了,交叉处也没有了。

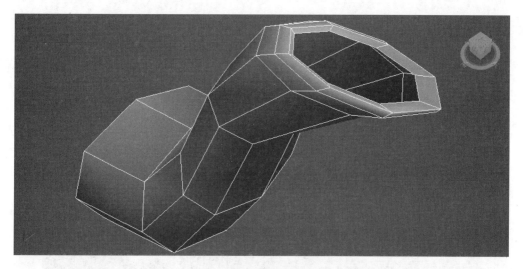

图 8-36 删除边界

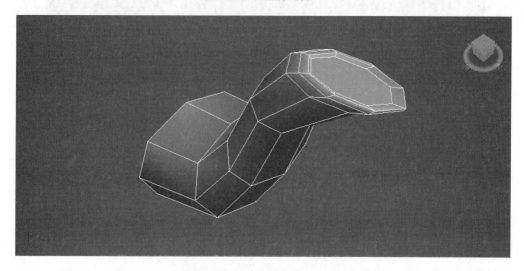

图 8-37 封闭开口

图 8-38 单击"布尔"按钮

111

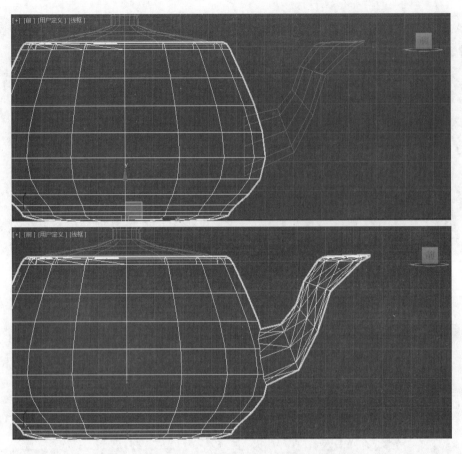

图 8-39 执行"布尔"和"并集"操作前后的状况

11)单击左上角工具栏中的"保存文件"按钮。在第一次保存时会要求输入文件名。

12)单击"修改面板"按钮,在"修改器列表"中选择"编辑多边形",执行"工具"→"孤立当前选择"菜单命令,单击"多边形"按钮,按住〈Ctrl〉键在透视图中连续单击之前添加的两个封口面,如图 8-40 所示,按〈Del〉键删除。

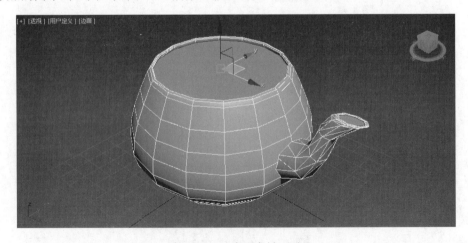

图 8-40 选中两个封口面

13）在"修改器列表"中选择"壳",将"内部量"设置为"1.0",如图 8-41 所示。单击"退出孤立模式"按钮。

图 8-41 "壳"的设置

14）在"修改器列表"中再次选择"编辑多边形",单击"附加"按钮,在透视图中分别选择茶壶盖和茶壶柄。观察前视图,如图 8-42 所示,茶壶又变成了一个整体。

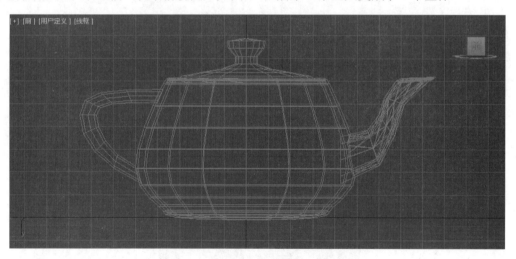

图 8-42 茶壶整体

15）至此,茶壶就创建好了,保存文件。

8.2.2 杯子建模

1）单击"几何体"按钮,选择"标准基本体",在"标准基本体"面板中选择"圆柱体",适当缩放和移动顶视图,在茶壶旁边位置按住鼠标左键拖动,绘制出一个圆后松开鼠标左键,鼠标再往上移动一些以拉出圆柱体的高度,如图8-43所示。

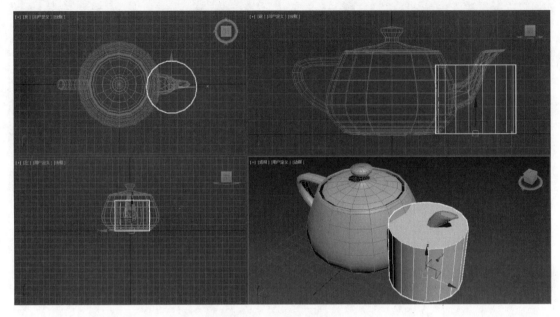

图 8-43 创建圆柱体

2）在右侧面板中,将"半径"设置为"30.0","高度"设置为"50.0","高度分段"设置为"1","端面分段"设置为"1","边数"为"18",如图8-44所示。

图 8-44 圆柱体参数设置

3）单击"修改面板"按钮,再次在"修改器列表"中选择"编辑多边形",单击"边"按钮,在顶部工具栏中单击"窗口/交叉"按钮后,图标会变成▣,在前视图中按住鼠标左键,框选圆柱体底部以选中底部的所有边,如图8-45所示。

114

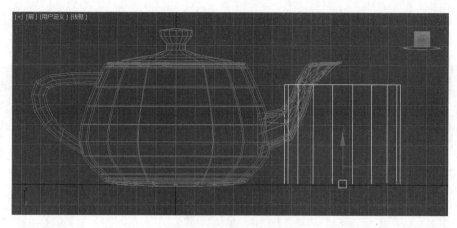

图 8-45 选中底部的所有边

4）拖动滚动条，选择"切角"，在前视图中按住鼠标左键，在选中的边处往上拖动后出现一个切角，如图 8-46 所示。再按住鼠标左键往上拖动一次，切角更细了，杯子的底部变成了圆弧形，如图 8-47 所示。

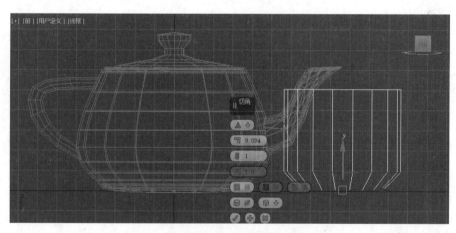

图 8-46 第一次切角效果

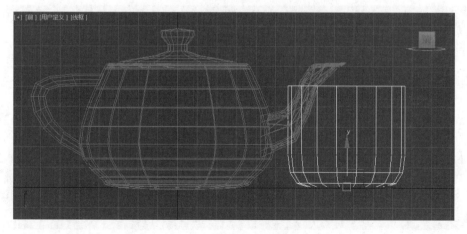

图 8-47 第二次切角效果

115

5）单击"选中面片"按钮，在透视图中选中杯子顶面，单击〈Del〉键删除，如图8-48所示。

图8-48　删除杯子顶面

6）此时发现，杯子底部显示有些问题。单击"选中多个面片"按钮，单击杯子，往下拖动滚动条，单击"自动平滑"按钮，如图8-49所示。

7）在"修改器列表"中再次选择"壳"，将"内部量"设置为"1"。杯子创建完成并保存文件。

8.2.3　倾倒动画

1）选中茶壶，单击顶部工具栏中的"移动工具"，在前视图中把鼠标指针放在Y轴上（绿色的轴），按住鼠标左键往上拖动，如图8-50所示。同时观察顶视图，看茶壶嘴与杯子是否对齐，如图8-51所示。

图8-49　"自动平滑"按钮所在位置

图8-50　往上移动茶壶

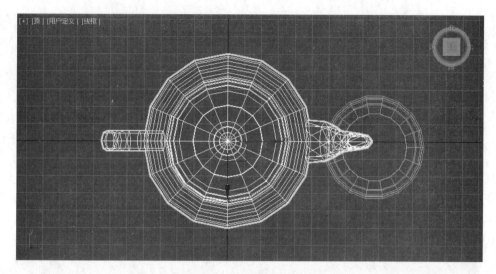

图 8-51 茶壶嘴对准杯子

2)单击"层"按钮,单击"仅影响轴"按钮,选择"移动工具",把茶壶的中心轴移动到茶壶柄处,如图 8-52 所示。完成后单击"创建面板"按钮,切换到"创建面板"。

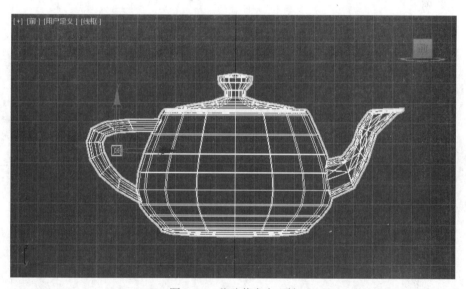

图 8-52 移动茶壶中心轴

3)单击界面底部 "设置关键点"按钮使其成为红色,再单击"锁定"按钮,在时间条上新增一个关键帧,如图 8-53 所示。

图 8-53 在第 0 帧创建了一个关键帧

4)把"时间"滑块拖动到第 40 帧 40 / 100 ,单击"选择并旋转"工具,在前视图中把茶壶往右下方旋转一定角度,如图 8-54 所示。

117

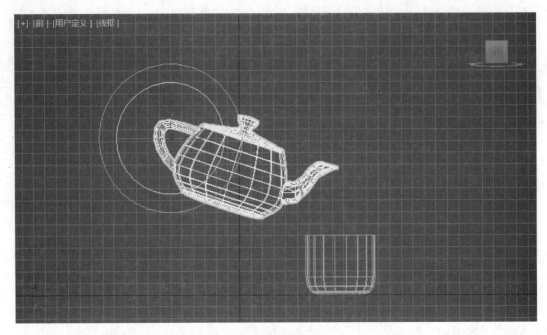

图 8-54　旋转茶壶

5）再使用"移动工具"把茶壶移动到杯子上方，如图 8-55 所示。

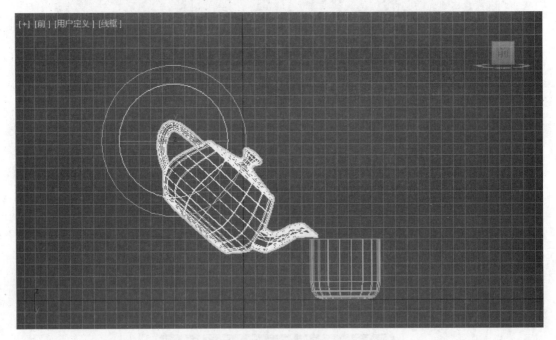

图 8-55　移动茶壶到杯子上方

6）单击"锁定"按钮，再次添加一个关键帧后单击"设置关键点"按钮，停止记录。单击右侧的"播放动画"按钮即可看到茶壶倾倒动画，如图 8-56 所示。

图 8-56 茶壶倾倒动画

8.2.4 流体制作

下面将使用 RealFlow 4.0 进行水流动画制作，制作前要将 3ds Max 中的物体导入到 RealFlow 中去，执行"RealFlow"→"SD File Export Settings"菜单命令（只有当安装了 RealFlow 后在 3ds Max 中才会出现"RealFlow"菜单，如图 8-57 所示），弹出"SD File Export Settings"对话框，在"Export File"选项组中设置文件储存的路径和名称，如图 8-58 所示，单击"Export"按钮即可导出物体和动画。

项目 10 倒水的水壶制作（二）

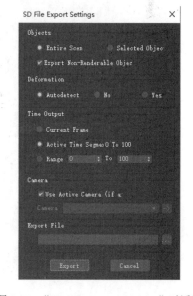

图 8-57 "RealFlow"菜单　　　　图 8-58 "SD File Export Settings"对话框

1）运行 RealFlow 4.0 软件（RealFlow 不支持中文，中文字符都以"？"显示），进入软件界面，立即弹出"Project management"对话框。"Project name"为"teapot"，"Location"为"G:/teapot"，单击"CREATE A NEW PROJECT"按钮新建项目，如图 8-59 所示。

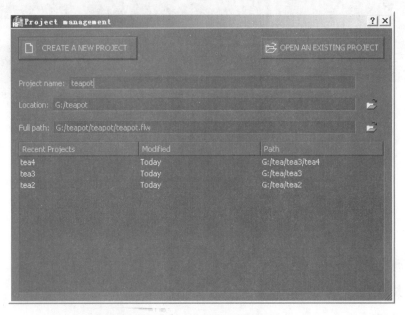

图 8-59 "Project management"对话框

2）执行"File"→"Import"→"Import object"菜单命令，弹出"Import object"对话框，浏览路径找到 teapot_out.sd 文件，单击鼠标右键，在弹出的快捷菜单中选择"剪切"命令，浏览到 X:\teapot\teapot\objects，右击并在弹出的快捷菜单中选择执行"粘贴"命令，再单击"打开"按钮，max 物体即被导入，如图 8-60 所示。

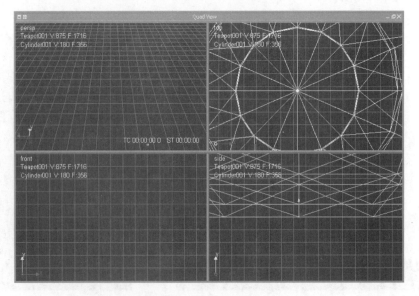

图 8-60 导入 max 物体

120

3）在顶部工具栏中修改"Geometry scale"为 0.01（因为 max 导入的模型会被自动放大至 100 倍，所以要将它缩小至 1%）。

4）选中 top 视图，单击鼠标右键并在弹出的快捷菜单中选择"Zoom all"（物体适合窗口显示）命令，单击 ，选择"Circle"（圆形发射器），再单击 ，选择 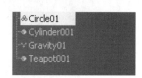（重力）。

5）在右上角的列表中显示了场景中的所有物体，选择 Circle01 物体，如图 8-61 所示。在 4 个视图中都单击右键并在弹出的快捷菜单中选择"Zoom selected"（选中物体适合窗口显示）命令，单击顶部工具栏中的"移动工具"按钮，在 side 视图中按住鼠标左键不放将 Circle01 物体的 y 轴拖动到茶壶中间，观察 top 视图确认 Circle01 物体在茶壶的中间，如图 8-62 所示。

图 8-61　物体列表

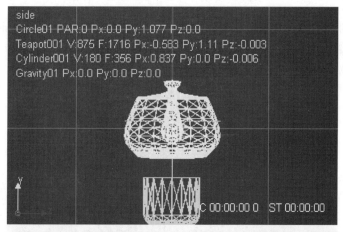

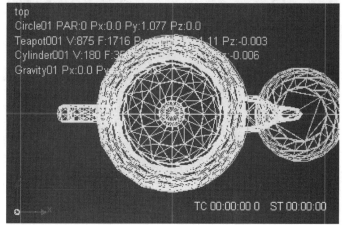

图 8-62　把 Circle01 物体拖动到茶壶中间

6）保持选中 Circle01 物体状态，在右下侧的属性面板中将"Node"中的"Scale"（控制发射器大小）的 3 个值都改为 0.5，如图 8-63 所示。

121

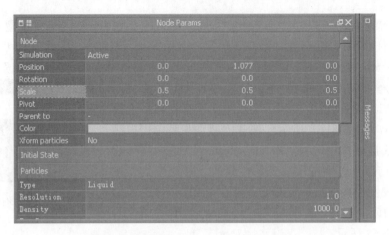

图 8-63 修改"Node"中"Scale"的值

7）在物体列表中选中"Teapot001"后按住〈Ctrl〉键，再单击"Cylinder001"以同时选中它们，如图 8-64 所示。在下方的属性面板中修改"Particle Interaction"中的"Collision distance"为"0.025"（碰撞距离，此值太小会导致水跑到茶壶外面），如图 8-65 所示。

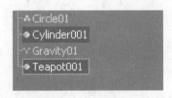

图 8-64 同时选中 Teapot001 和 Cylinder001

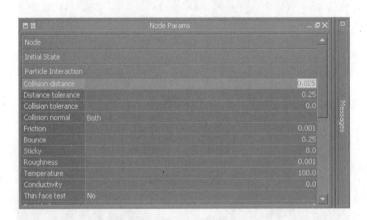

图 8-65 修改"Particle Interaction"中"Collision distance"的值

8）单击界面左下角处的"动画锁定"按钮（锁定后导入的 max 动画暂时不起作用），单击右下角的"Simulate"按钮后观察 front 视图，发现水粒子流出来并逐渐充满茶壶，如图 8-66 所示。当水位到达 1/2 时，再单击"Simulate"按钮暂停，选中 Circle01 物体，在属性面板中将"Circle"中的"Speed"设置为 0，如图 8-67 所示。再单击"Simulate"按钮进行计算，此时，水粒子不再从发射器里流出，而是渐渐平静下来，如图 8-68 所示。

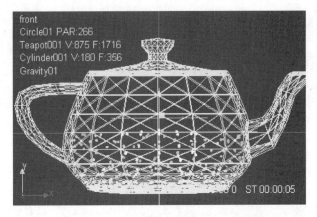

图 8-66 水粒子流出来并逐渐充满茶壶

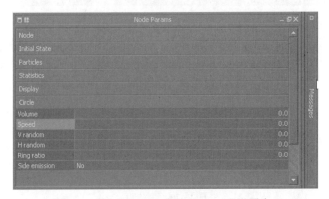

图 8-67 把"Circle"中的"Speed"设置为 0

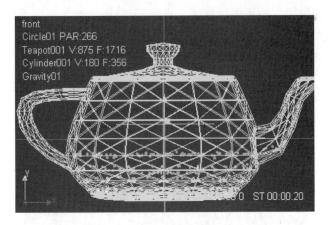

图 8-68 水粒渐渐平静下来

9) 在 Circle01 的属性面板中找到"Initial State"(初始状态),把"Use Initial State"设置为"Yes",再单击"Make Initial State",如图 8-69 所示。再单击"Reset"右侧的下拉按钮,选中"Reset to Initial State"选项(表示目前的初始状态是 Circle01 运算结束后的状态)。单击"Reset"按钮,弹出警告框,如图 8-70 所示。单击"Yes"按钮,场景并没有发生变化(如果没有执行以上操作,场景中的水粒子将会消失,又回到最开始的状态)。

123

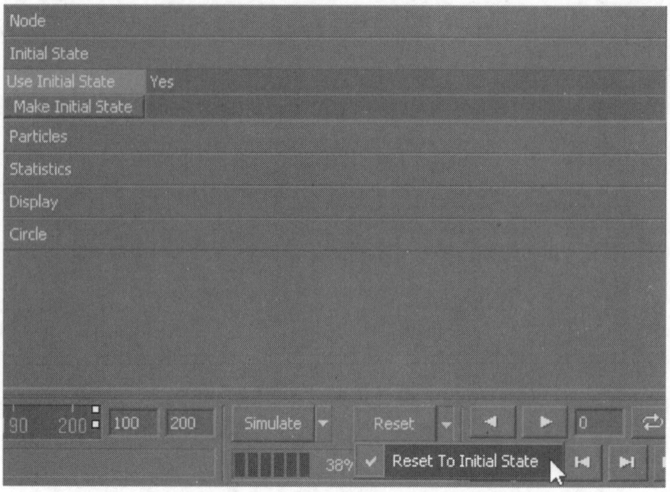

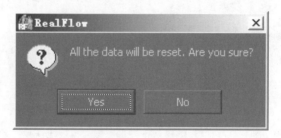

图 8-69　设置"Initial State"和"Make Initial State"选项

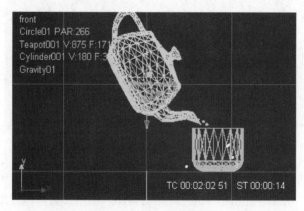

图 8-70　警告框

10）单击"动画解锁"按钮进行解锁，再单击"Simulate"按钮进行计算，此时茶壶动了起来，同时影响到内部的水粒子，如图 8-71 所示（此时很可能有少数粒子没有倒入杯子，由于场景没有地面，这些粒子将一直无限地运动下去，这将影响计算速度，为解决这个问题，要将这些粒子去除）。

图 8-71　倒水动画计算

11）单击"Simulate"先暂停计算，单击顶部工具栏中的 ▇ 后选择"K Volume"，在右侧属性面板中单击"Fit to scene"按钮,发现 front 视图在场景外有了一个外框(粒子碰到外框就会消失),如图 8-72 所示。单击"Simulate"按钮继续计算。

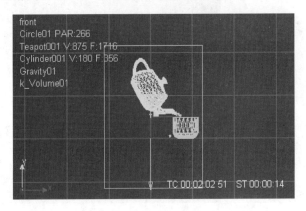

图 8-72 设置"K Volume"

12)计算到 200 帧自动停止,拖动底部的"时间滑块"可以观看动画,如图 8-73 所示。

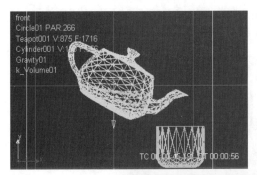 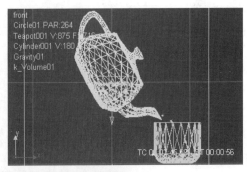

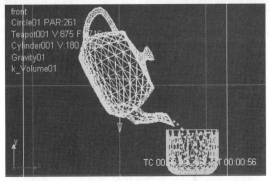

图 8-73 倒水动画

13)单击顶部工具栏中的"创建网格"工具中的"Particle mesh(Legacy)",里面的在物体列表中多了一个 ParticleMeshLegacy01 物体,单击其左侧的"+"号,Circle01 成为它的子项(说明它对 Circle01 的计算结果产生作用),在 ParticleMeshLegacy01 上单击鼠标右键,在弹出的快捷菜单中选择"Build"命令,如图 8-74 所示。执行后发现粒子的外面包裹了一层网格,如图 8-75 所示。

图 8-74 增加了 Mesh01 物体

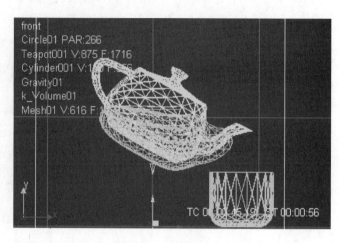

图 8-75 生成网格

14)但此时网格太大,已经溢出了茶壶,选中物体列表中 ParticleMeshLegacy01 下的 Circle01,将"Field"下的"Blend factor"设置为"100.0",把"Radius"设置为"0.018",如图 8-76 所示。再次在 ParticleMeshLegacy01 上单击鼠标右键,在弹出的快捷菜单中选择"Build"命令,水不再溢出了,如图 8-77 所示。

图 8-76 设置"Field"

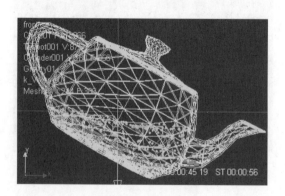

图 8-77 水不再溢出

15)此时水看上去支离破碎,是因为网格精度不够,选中 ParticleMeshLegacy01,在其属性面板中将"Mesh"中的"Polygon size"设置为"0.01",如图 8-78 所示。再次执行"Build"命令,效果正常,如图 8-79 所示。

图 8-78 设置"Mesh"中的"Polygon size"

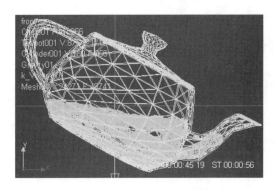

图 8-79 水效果正常

16）按住鼠标左键不放，拖动时间滑块到 51 帧，执行"Build"命令，再到 100 帧，执行"Build"命令，再到 200 帧，执行"Build"命令，观察效果是否正常，如图 8-80 所示。

17）一切正常后，单击右下角的"回到第一帧"按钮，再单击"Simulate"，弹出警告框，单击"Yes"按钮，开始计算。

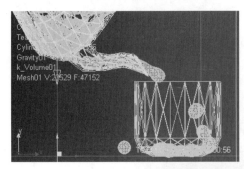
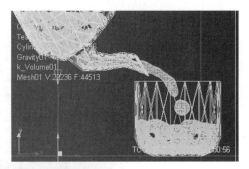

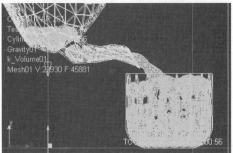

图 8-80 观察水效果是否正常

127

18）计算完成后，单击"保存"按钮保存文件（或执行"File"→"Save project"菜单命令），单击"播放"按钮播放动画。

项目10 倒水的水壶制作（三）

8.2.5 材质设定

1）切换到 3ds Max 2018 软件，执行"RealFlow"→"Create BIN Mesh Object"菜单命令，弹出"Set RealFlow BIN Mesh file"对话框，选择 G:\teapot\teapot\meshes 路径，选中"Mesh0100000.bin"文件，单击"打开"按钮，水动画就被导入，如图 8-81 所示。

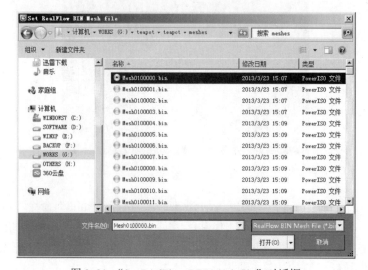

图 8-81 "Set RealFlow BIN Mesh file"对话框

2）单击界面右下角"时间配置"按钮，弹出"时间配置"对话框，把"结束时间"设置为"200"，单击"确定"按钮，如图 8-82 所示。

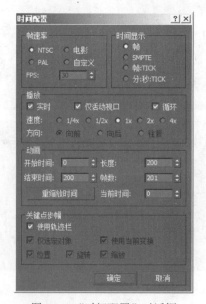

图 8-82 "时间配置"对话框

128

3）单击"播放"按钮，播放动画。

4）单击"渲染设置"按钮，弹出"渲染设置：扫描线渲染器"对话框，在"渲染器"下拉列表框中选择"mental ray 渲染器"，单击"确定"按钮，如图 8-83 所示，关闭对话框。

5）单击"材质编辑器"按钮，弹出"材质编辑器-08-Default"对话框，如图 8-84 所示，执行"模式"→"精简材质编辑器"菜单命令。

 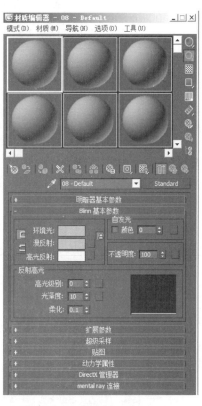

图 8-83　指定扫描线渲染器　　　　　　　图 8-84　"材质编辑器-08-Default"对话框

6）弹出"材质/贴图浏览器"对话框，如图 8-85 所示，在"按名称搜索"搜索框中输入"光线跟踪"，选择"光线跟踪"材质，单击"确定"按钮。

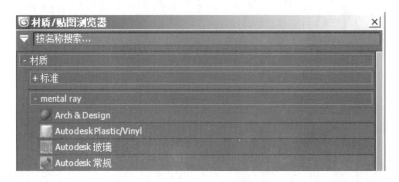

图 8-85　选择"光线跟踪"材质

7)将"透明度"颜色调整为"白色","折射率"设置为"1.55","高光级别"设置为"50","光泽度"设置为"40","柔化"设置为"0.1",命名为"玻璃",单击"确定"按钮,如图 8-86 所示。

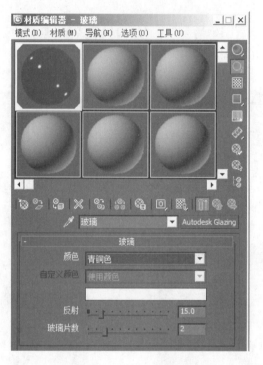

图 8-86 "玻璃"材质设置

8)选中一个新的材质球,在"材质"下拉列表框中选择"更改材质/贴图类型",选择"光线跟踪"材质,如图 8-87 所示,单击"确定"按钮。

图 8-87 选择"光线跟踪"材质

9)将"透明度"颜色调整为"白色","折射率"设置为"1.33","高光级别"设置为"30","光泽度"设置为"40","柔化"设置为"0.1",修改材质名称为"水",如图 8-88

所示。

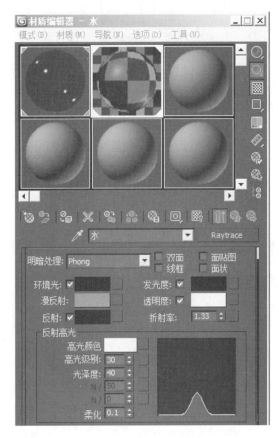

图 8-88 "水"材质设置

10）选择一个新的材质球，单击"获取材质"按钮，选中水平的"渐变"贴图并双击，如图 8-89 所示。

图 8-89 选择"渐变"贴图

11）选中"环境"，在其下拉列表中选择"球形环境"，按住鼠标左键把"颜色#1"拖向"颜色#3"，弹出"材质编辑器"对话框后单击"复制"按钮，命名贴图为"背景"，如图 8-90 所示。

12）选择"玻璃"材质，按住鼠标左键分别将其拖向茶壶和杯子；选择"水"材质，按住鼠标左键将其拖至杯中的"水"上，以把材质赋给物体。

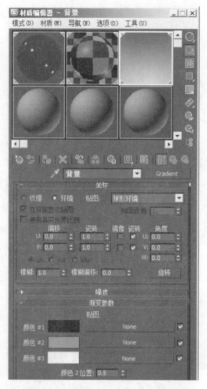

图 8-90 "材质编辑器-背景"对话框

13) 执行"渲染"→"环境"菜单命令,弹出"环境和效果"对话框,把"背景"拖到"背景"条,弹出"实例(副本)贴图"对话框,选择"实例"单选按钮,单击"确定"按钮,如图 8-91 所示。

图 8-91 给物体和背景设置材质

14) 关闭对话框,在"透视"上单击鼠标右键,在弹出的快捷菜单中选择"显示安全框"命令,如图 8-92 所示。

图 8-92 选择"显示安全框"命令

15）使用界面右下角的 和 工具调整透视图中茶壶和杯子的位置。调整后的效果如图 8-93 所示。

图 8-93 透视图中调整效果

16）按住鼠标左键把"时间滑块"滑动到 100 帧，单击 ，单击"公用"选项卡，将"时间输出"设置为"单帧"，如图 8-94 所示。

图 8-94 设置"公用"选项卡

133

17）单击"公用"选项卡，单击"640×480"按钮，设置输出大小为"1980×1080"，如图 8-95 所示。单击面板右上方的"渲染"按钮开始渲染图片，效果如图 8-96 所示。

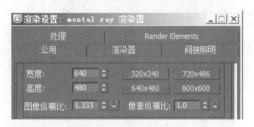

图 8-95　设置输出大小

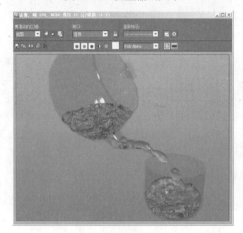

图 8-96　渲染效果

8.2.6　渲染输出

1）渲染视频。在"公用"选项卡中选择"活动时间段"单选按钮，从第 1 帧到 100 帧，如图 8-97 所示。在"渲染设置：mental ray 渲染器"对话框的"渲染输出"选项组中单击"文件"按钮，弹出"渲染输出文件"对话框，"保存类型"选"AVI 文件（*.avi）"，设置文件保存路径，"文件名"设为"teapotmovie"，单击"保存"按钮，如图 8-98 所示。弹出"AVI 文件压缩设置"对话框，单击"确定"按钮，如图 8-99 所示。

项目 10　倒水的水壶制作（四）

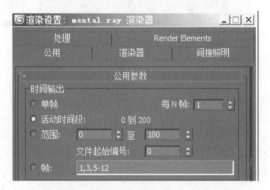

图 8-97　选择"活动时间段"单选按钮

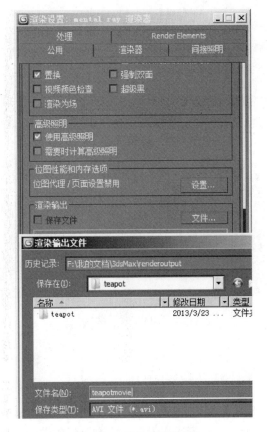

图 8-98 渲染输出设置

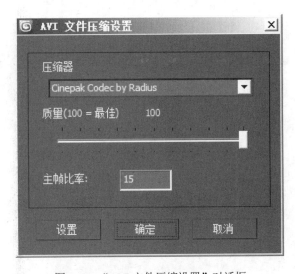

图 8-99 "AVI 文件压缩设置"对话框

2）单击"渲染"按钮，便开始渲染动画了，经过一段时间后渲染完成。播放动画观看制作效果，如图 8-100 所示。

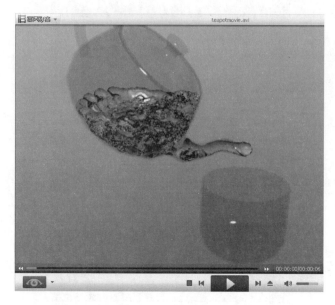

图 8-100 播放动画

8.3 练习

参考图 8-101 制作照相机。使用 Photoshop 制作贴图放在自建的文件夹中备用，用 Polygn 进行建模，使用平滑工具进行平滑设置，将准备好的贴图进行材质粘贴。设置灯光，进行渲染出图，使用 Photoshop 打开渲染后的图进行抠图及美化，效果如图 8-101 所示。

图 8-101 照相机的最终效果

第 9 章　视频素材的采集与制作

本章要点
- 添加文字
- 视频的剪切

视频（Video）信息以其直观和生动的特点，在多媒体应用系统中得到了广泛的运用。它与动画一样，也是由连续的画面组成的，当以一定的速度播放时，就得到连续运动的感觉，是不可缺少的多媒体表现形式。

9.1　基础知识

9.1.1　视频采集

视频信号源主要有电视机、录像机、摄像机、激光视盘机等。由于计算机只能处理数字化信息，因此输入计算机的视频信号有两种：一种是模拟视频，必须用视频采集卡（硬件）或超级解霸（软件）将其转换为数字视频后才能编辑及播放；另一种是数字视频，数字摄像机拍摄后直接就是数字信号，能直接输入计算机进行处理及播放。

视频信号的采集可分为单幅画面采集和多幅动态连续采集。单幅画面采集时先将画面定格，然后将定格后的单幅画面以多种图像文件格式加以存储；多幅动态连续采集是以每秒 25～30 帧的采样速度进行实时、动态的捕获和压缩，并以文件形式加以存储。由此可见，视频素材的采集数据十分庞大，给存储和传输带来很大的困难，是多媒体技术中较为困难的部分。

最常见的视频文件格式有 Microsoft 的 Video for Windows 文件（*.avi）、Apple 的 QuickTime 文件（*.mov 和*.qt）和 FLV 格式。FLV 格式是被众多新一代视频分享网站所采用，目前用户增长最快、使用最为广泛的视频传播格式。FLV 格式是在 Sorenson 公司的压缩算法的基础上开发出来的。FLV格式不但有文件可以轻松地导入Flash，速度极快，而且能起到保护版权的作用，还可以不通过本地的微软或者 REAL播放器播放视频。另外，还有 MPEG 文件（*.mpg）、VCD 上的 DAT 文件（*.dat）、DVD 上的 VOB 文件（*.vob）以及网络上常用的 Real Video 文件（*.rm）等。

视频素材的采集方法有很多种。最常见的是用视频捕捉卡配合相应的软件（如 Ulead 公司的 Media Studio 或者 Adobe 公司的 Premiere）来采集。其缺点是硬件投资较大。

另一种方法是利用超级解霸等软件来截取 VCD 或 DVD 上的视频片段（截取成*.mpg 文件或*.bmp 图像序列文件）。这种方法的特点是无需额外的硬件投资，有一台多媒体计算机

137

就可以了。用这种采集方法得到的视频画面的清晰度，要明显高于用一般视频捕捉卡从录像带上采集到的视频画面的清晰度。

还可以用屏幕抓取软件（如 SnagIt、Camtasia Studio 等）来记录屏幕的动态显示及鼠标操作，以获得视频素材，但此方法对计算机的硬件配置要求很高，否则只能用降低帧速或缩小抓取范围等办法来弥补。

9.1.2 数码摄像

1. 数码摄像机的特点

摄像机是一种把景物光像转变为电信号的装置，从数据存储的格式来区分，可分为模拟摄像机和数码摄像机两大类。模拟摄像机由于其水平解析度较低，已基本被淘汰。数码摄像机（Digital Video，DV）是现在市场的主流产品，它将视频信号以数字形式存储在磁带或其他存储介质上，水平解析度能轻易达到 500 线以上。

目前市场上的数码摄像机的品牌和型号繁多，但有些功能是共有的，如用于预览或播放影像的彩色液晶显示屏；大多数机型都有彩色取景器；10 倍或更高的光学变焦功能；图像稳定控制功能；类似于数字照相机的静态图像拍摄功能；特殊效果处理功能（淡入淡出、滑入、渐隐等）。但由于摄像机档次和生产厂家的不同，选购时要注意以下几方面。

（1）单 CCD 与 3CCD

高档摄像机大多使用 3 片 CCD（Charge-Coupled Device，电荷耦合元件），即 R、G、B（红、绿、蓝）三原色分别由一个 CCD 片来处理，因此色彩饱和度及解析度会比一般单 CCD 摄像机高很多。3CCD 摄像机拍摄的影像层次感好、立体感强，但清晰度与单 CCD 摄像机拍摄的影像是相同的。

如果希望从事专业摄像或者想要拍摄独立制作的影片，则 3CCD 摄像机是一个很好的选择，但价格较高。如果仅仅是家庭使用，则单 CCD 摄像机就能够完全满足需求，价廉物美。

（2）存储介质

当前数码摄像机存储介质主要有磁带类、DVD 光盘类、闪存卡类和微硬盘类 4 种类型。

目前主流的摄像机均采用微硬盘的存储介质。微硬盘类数码摄像机以容量见长，输出无损。现在微硬盘类数码摄像机已经取代了磁带类摄像机的地位，成为新一代高清数字视频格式 HDV 的标准配备。

（3）手动对焦与白平衡

自动对焦是摄像机普遍具有的功能，但这种对焦方式一般都以中心位置对焦，所以当拍摄的主体没有处于画面中央时，就会出现主体模糊的情况。另外，在追踪拍摄时，自动对焦的效果也不理想。因此在选购摄像机时，最好能选择具有手动对焦功能的机型。

同样，白平衡功能也是摄像机普遍具有的功能。自动白平衡功能就可以满足一般用户的拍摄需要，方便地拍出画面基本清晰、层次合适、色调正确的影片。但是，如果希望影片具有最佳的色彩还原或者一些特殊效果，例如希望在白炽灯照射的环境下忠实地还原色彩，那么就需要使用手动白平衡功能。

（4）光学变焦和数码变焦

光学变焦依靠光学镜头来实现变焦功能。为了使拍摄的影像清晰自然，一些知名的摄像机生产厂采用了优质的光学镜头，如 SONY 公司在数码摄像机上基本都配备了卡尔·蔡司镜头。另外在选购时，镜头的最大光圈也是不能忽视的，因为在目前的家用数码摄像机中，大光圈意味着能在低照度的情况下拍摄。

数码变焦仅是把原来 CCD 上的一部分图像放大到整幅画面，以复制相邻像素点的方法补进中间值，在视觉上给人画面被拉近了的错觉。实际上，利用数码变焦功能拍摄的画面质量粗糙、图像模糊，并无多少实际的使用价值。

（5）配件

数码摄像机配件的选购是一个容易被忽视的要素，例如，虽然当前大部分的数码摄像机都可以在弱光环境下拍摄，但效果总不尽如人意。假如希望取得更好的拍摄效果，专用配件如镁光灯、广角镜头等都是不可缺少的。因此，在购买前最好先了解厂商有没有相应的可选配件，所选机型是否支持这些配件。

大多数摄像机随机带有充电器、电池及连接线等配件，但为了满足拍摄需要，通常还要再购买一些配件，购买配件的金额应占预算的 30%。常用配件包括电池、录像带、摄像包、UV 镜（保护镜头）等。另外还有一些配件可根据自己的需要购买，如三脚架、广角镜（增大摄像范围）、增倍镜（增大变焦能力）、摄像灯、计算机连接线、记忆棒、变焦麦克风（具有更好的定向性）等。

2．摄像机的拍摄技巧

在使用摄像机进行拍摄时，需要注意的基本点如下。

（1）保持画面稳定是拍摄的第一要素

一般可用双手把持摄像机或者利用身边可支撑物来保持画面的稳定，尽可能用三脚架。如果不是画面表现的需要，则应尽量避免边走边拍的方式，也要避免快速地来回摇摄，这样拍摄出的画面会使人头昏眼花。

（2）合理地运用变焦

滥用变焦功能是许多摄像新手常犯的毛病。拍摄时应多用固定镜头，通过角度或位置的不同，对景物的大小及景深做变化。简而言之，就是拍摄全景时摄像机靠后一点，想拍其中某一部分时，摄像机就往前靠一点，位置的变换如侧面、高处、低处等不同的位置，其呈现的效果也就不同，画面也会更丰富。只有当因为场地因素等无法靠近时，才使用变焦镜头将画面调整到用户想要的大小。当进行长距离的推近拉远时，除非利用三脚架，否则画面一定会抖动。合理地运用变焦能使画面更生动，如特写一个烛光约 3s，然后慢慢地将镜头拉远，画面渐渐出现一个插满蜡烛的蛋糕。不需要旁白与说明，就可从画面的变化中看出拍摄者所要表达的内容及含义，这就是所谓的"镜头语言"。

（3）合理地运用取景角度

取景角度将直接影响影片的观赏效果。拍摄角度大致分为 3 种：①平摄。这是最标准的拍摄方式，也是最稳定的构景方式，符合人们的视觉习惯，画面效果比较平和稳定。需要注意的是，当被摄物高低不同时，也必须调整摄像机的高度，如拍摄在地上玩耍的小孩时，就应该采用跪姿甚至趴在地上拍摄。②仰摄。这种技巧通常用于想将大楼等建筑物拍得高大一些或者将人拍得威风一些。③俯摄。通常用于表现人物视线周围的环境情况。要注意的是，当表现人物（小孩除外）时，尽量不要采用俯摄，这样的画面会有一种"藐视被摄人物"的效果。

（4）保持画面的构图平衡

保持画面的构图平衡需要注意的问题为：①很多专家推行"三分之一"的构图原则。摄像实践表明，让重要的人物或景物处于画面的 1/3 处而不是在正中央，这样的画面比较符合人的视觉审美习惯，例如拍风景时，天空与地面的比例为 5：3 较为理想。如果把地平线设在画面的中间位置，就会有一种不上不下的感觉。②在拍摄视频时，运动中的物体不管多小都比静止的物体容易吸引眼睛的注意力，因此不要让不必要的会分散观众注意力的运动中的物体出现在画面背景上。③拍摄人物时，在其前面或前进方向要留下足够的空间（称为"前视空间"），否则会造成一种局促感。④保持画面整洁、流畅，避免杂乱的背景分散观看者的注意力，弱化主体的地位。⑤色彩平衡性要好。画面要有较强的层次感，确保主体能从全部背景中突显出来，如不要安排穿黑色衣服的人在深色背景下拍摄。

（5）掌握移动拍摄技巧

拍摄中，摇镜头是最常用的手法之一。当拍摄的场景过于宏大，用广角镜不能把整个画面完全拍摄下来时，就应该使用"摇摄"的拍摄方式。摇摄分上下摇摄和左右摇摄，不管采用哪一种摇摄方式，运镜都要平稳，并且要掌握恰当的摇摄时间，一般以 10s 左右为宜。过短，则播放时画面看起来像在飞；过长，画面又会给人拖泥带水的感觉。有时要根据拍摄需要在摇摄中适当地停顿，特别是在开始和结束时，如果没有停顿，就会给人一种突然出现和突然消失的感觉。停顿的时间一般以 3s 左右为宜。

（6）正确地利用光线

拍摄时，一定要确认被摄对象与阳光或灯光之间的位置关系。最基本的要求是"面向光源"，但也不能让光源正对人物面部或其他被摄对象，这样容易使被摄对象失去立体感而成为没有阴影的平面图像。遇到这种情况，可使光线略微倾斜来增加对比度和立体感。"逆光"不是理想的拍摄条件，此时可启用摄像机的"逆光补偿功能"来弥补光线的不足，使被摄对象变得亮一些。

9.2 项目 11 影片剪辑合成（Premiere）

项目 11 影片剪辑合成

用 Premiere 软件实现影片剪辑合成的步骤如下。

1）导入素材。打开 Premiere 软件，自动弹出"欢迎使用 Adobe Premiere Pro"对话框。选择"新建项目"，弹出如图 9-1 所示的"新建项目"对话框，在该对话框中直接单击"确定"按钮，弹出"新建序列"对话框，如图 9-2 所示。在"序列预设"选项卡中进行预设，选择"DV-PAL"→"标准 48kHz"，"序列名称"为默认选项"序列 01"，单击"确定"按钮完成设置。

图 9-1 "新建项目"对话框　　　　图 9-2 "新建序列"对话框

2）将素材"background.avi"导入 Premiere。执行"文件"→"导入"菜单命令，如图 9-3 所示。在项目面板中单击选中"background.avi"，按住鼠标左键拖动项目栏中的素材"background.avi"至右侧"序列"面板中的"视频 1"中，调节"background"至合适大小，如图 9-4 所示。

图 9-3 导入素材　　　　图 9-4 拖动素材到舞台

3）插入静止字幕。执行"字幕"→"新建字幕"→"默认静态字幕"菜单命令，如图 9-5 所示，在工具栏中插入默认静态字幕，选择"文字"工具，输入文字"多媒体"，字幕样式为"Brush Script White 75"（字幕样式可以根据自己的喜好更改），制作好的文字自动命名为"字幕 01"。使用同样的方法调整不同的颜色，制作其余 3 个字幕，分别自动命名为"字幕 02""字幕 03""字幕 04"。

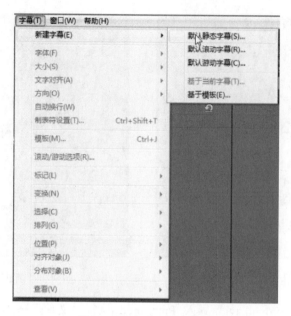

图 9-5 插入默认静态字幕

4）移动静态字幕与背景进行合成。按住鼠标左键将项目面板中已经制作好的"字幕 01"拖动至"视频 2"中，如图 9-6 所示。

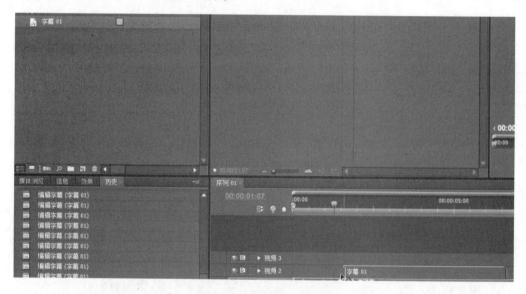

图 9-6 拖动字幕进入场景

5）调整字幕。拖动"视频 2"中的"字幕 01"使其在适当的时间进入场景。把时间滑块停留在 00:00:01:07，使用"剪切"工具在视频 1 的时间线上单击。在 00:00:03:10 处使用"剪切"工具在视频 1 的时间线上单击，剪切多余的部分，如图 9-7 所示。使用工具栏中的"选择"工具，选中多余的部分并按〈Del〉键。以同样的方式编辑其余 3 个字幕。

图 9-7 剪切多余的部分

6）添加字幕特效。在特效面板中单击"效果栏"→"视频切换"→"擦除"→"时钟式划变"，按住鼠标左键将其拖动至"视频 2"中"字幕 01"的左端，如图 9-8 所示。并且调整效果时间，如图 9-9 所示，拖动"字幕 01"上"时钟式划变"至右端合适位置。以同样的方式在"字幕 01"尾端加入"擦出"效果并调节。这样"字幕 01"就完成了，其余的字幕也可以根据自己的喜好添加不一样的效果。

图 9-8 添加字幕效果　　　　　　　　　图 9-9 调整效果时间

7）添加"background.avi"的转场效果。在特效面板中单击"效果栏"→"视频切换"→"叠化"，将"白场过滤"拖动至"视频 1"中"background"的始端，为"background"加入"白场过滤"的转场效果。在特效面板中单击"效果栏"→"视频切换"→"叠化"，将"黑场过滤"拖动至"视频 1"中"background"的末端，为"background"加入"黑场过滤"并且调节效果时间，如图 9-10 所示。

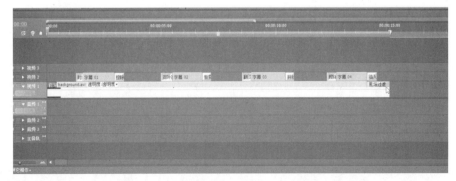

图 9-10 添加并调整 background 的转场效果

8）保存并导出 AVI 格式。执行"文件"→"导出"→"媒体"菜单命令，弹出"导出设置"对话框后，采用默认选项，单击"确定"按钮，如图 9-11 所示。导出的 AVI 格式的文件将自动与 Premiere 文件保存在同一文件夹下。导出完毕后，执行"文件"→"存储"菜单命令，保存所做的文件，如图 9-12 所示。

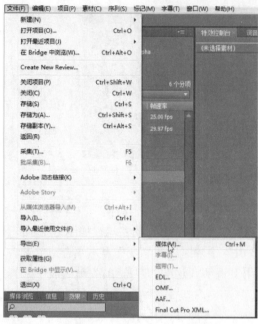
图 9-11　导出 AVI 格式

图 9-12　保存文件

9.3　练习

把自己的生活照用 Photoshop 进行修图，之后用 Premiere 将生活照制作成电子相册。

第 10 章　视频的后期合成与制作

本章要点
- 导入素材
- 特效制作
- 预览及输出

After Effects 是一个在视频后期制作中最常用的特效软件，它可以制作电视片头中常用的扫光、雪花等虚拟特效，也可以与 3ds Max、Maya 结合制作片头动画。

10.1　基础知识

1．MPEG 格式

MPEG 格式包括 MPEG 视频、MPEG 音频和 MPEG 系统（视频、音频同步）3 个部分。MPEG-3（MP3）音频文件就是 MPEG 音频的一个典型应用，视频方面则包括 MPEG-1、MPEG-2 和 MPEG-4。

MPEG-1 被广泛应用在 VCD 的制作和一些视频片段下载方面，其中最多的就是 VCD——几乎所有 VCD 都是使用 MPEG-1 格式压缩的（*.dat 格式的文件）。MPEG-1 的压缩算法可以把一部 120min 的电影（原始视频文件）压缩到 1.2GB 左右。

MPEG-2 则应用在 DVD 的制作（*.vob 格式的文件），同时也在一些高清晰度电视（HDTV）和一些高要求的视频编辑、处理中应用。使用 MPEG-2 压缩算法制作的一部 120min 的电影（原始视频文件）可以控制在 4～8GB，当然，其图像质量方面的指标是 MPEG-1 无法比拟的。

MPEG-4 是一种新的压缩算法，使用这种算法的 ASF 格式文件（接下来会介绍到）可以将一部 120min 的电影（原始视频文件）缩小到 300MB 左右。由于其小巧，便于传播，故成为网络在线观看的主要方式之一。

2．AVI 格式

AVI 格式最直接的优点就是兼容性好、调用方便，而且图像质量好。其缺点是体积大。时长 2 小时影像的 AVI 文件的体积与 MPEG-2 文件相差无几，不过这只是针对标准分辨率而言的。根据不同的应用要求，AVI 文件的分辨率可以随意调整。窗口越大，文件的数据量也就越大。降低分辨率可以大幅减低文件的体积，但图像质量就必然受损。在与 MPEG-2 格式文件体积差不多的情况下，AVI 格式文件的视频质量相对而言要差不少，但 AVI 格式文件的制作对计算机的配置要求不高，所以，用户可以先录制好 AVI 格式的视频，再转换为其他格式。

3．RM 格式

RM 格式可以实现即时播放，即先从服务器上下载一部分视频文件，形成视频流缓冲区后实时播放，同时继续下载，为接下来的播放做好准备。这种"边传边播"的方法避免了用户必须等待整个文件从 Internet 上下载完毕才能观看的缺点，因而特别适合在线观看影视。

4．MOV 格式

MOV 格式具有跨平台、存储空间要求小的特点，而采用了有损压缩方式的 MOV 格式文件，画面效果较 AVI 格式要好一些。这个文件格式是从苹果机移植过来的。Quick-Time 提供了两种标准图像和数字视频格式，即可以支持静态的 PIC 和 JPG 图像格式，动态的基于 Indeo 压缩法的 MOV 和基于 MPEG 压缩法的 MPG 视频格式。

5．FLV 格式

FLV（Flash Video）格式是随着 Flash MX 的推出发展而来的一种新兴的视频格式。FLV 文件体积小巧，时长 1min 的清晰 FLV 视频的体积在 1MB 左右，一部电影的文件体积在 100MB左右，是普通视频文件体积的 1/3。再加上 CPU 占用率低、视频质量良好等特点使其在网络上盛行，目前几家著名视频共享网站均采用 FLV格式文件提供视频，就充分证明了这一点。

FLV 是一种全新的流媒体视频格式，它利用了网页上广泛使用的 Flash Player 平台，将视频整合到 Flash动画中。也就是说，网站的访问者只要能看Flash 动画，就能看 FLV格式的视频，无须再额外安装其他视频插件。FLV 视频的使用给视频传播带来了极大便利。

10.2　项目 12　绽放烟花特效的制作（After Effects）

1）打开 After Effects 软件，执行"文件"→"新建"→"新建项目"菜单命令，新建项目。

2）执行"图像合成"→"新建合成组"菜单命令，打开"图像合成设置"对话框，将合成组命名为"合成 1"，持续时间设置为 5s，如图 10-1 所示。

图 10-1　设置图像合成

3）在"合成"面板上单击鼠标右键，选择"新建"→"固态层"命令，在"固态层设置"对话框中将"固态层"调整为黑色，如图10-2所示。

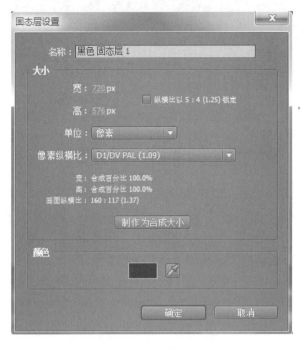

图10-2　设置固态层

4）在"效果和预置"面板中选择"Trapcode"下的"Particular"特效，按住鼠标左键不放，拖动至黑色的固态层，如图10-3所示。

图10-3　效果和预置

5）在"特效控制台：黑色固态层1"面板中展开"Particular"→"Emitter"，设置"Particles/sec"为150，"Velocity"为80，"Velocity Random[%]"为75，"Velocity from Motion[%]"为20，如图10-4所示。

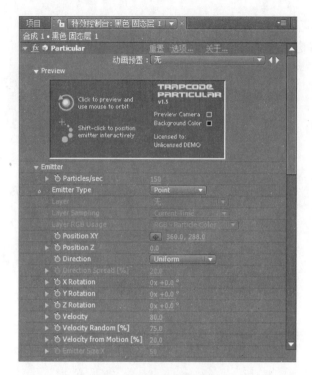

图 10-4 设置速度的参数

6）展开"Aux System",设置"Emit"为"From Main Particles",在"Color over Life"中将颜色设置为白色到粉色,如图 10-5 所示。

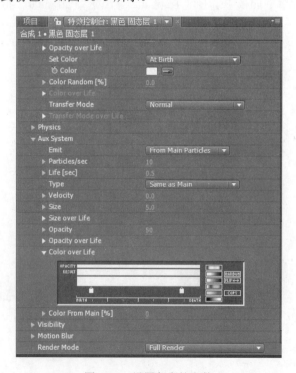

图 10-5 设置色彩的参数

7)此时,一支绽放的粉色烟花已经完成,但是夜空中仅有一支烟花显得有点单调,需要多些不同色彩的烟花。在"项目"面板中,新建合成,将其命名为"绽放的烟花",并将持续时间调整为20s,如图10-6所示。

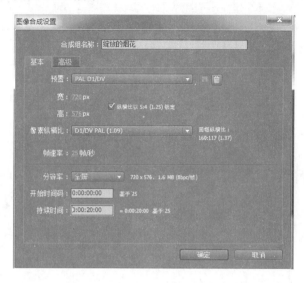

图10-6 设置"绽放的烟花"合成

8)执行 "文件"→"导入"→"文件"菜单命令,选择素材"夜空"。调整夜空大小,使其适合成画面,如图10-7所示。

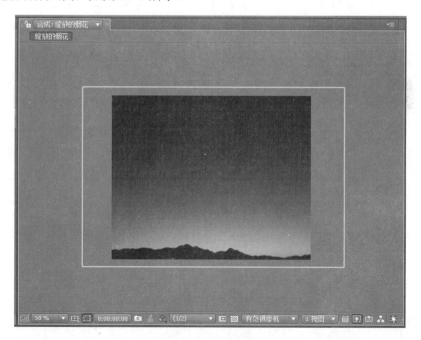

图10-7 夜空背景

9)选中"合成 1",按住左键不放,将其拖动到"绽放的烟花"合成中,如图 10-8

149

所示。

图 10-8 单支烟花

10）再次选中"合成 1"，按快捷键〈Ctrl+C〉后再按快捷键〈Ctrl+V〉，出现了"合成 2"。此时，夜空中出现了两支烟花，将第 2 支烟花缩小，如图 10-9 所示。

图 10-9 两支烟花

11)在"绽放的烟花"合成面板中,选择图层 1 的"合成 2",单击鼠标右键,在弹出的快捷菜单中选择"重命名"命令,把名字修改为"烟花 1",如图 10-10 所示。

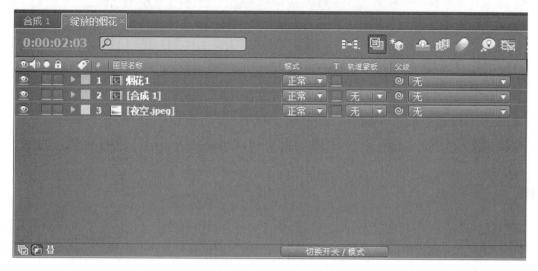

图 10-10 将"合成 2"重命名为"烟花 1"

12)双击"烟花 1",进入"黑色固态层 1",在特效面板中使用刚才的方法修改烟花的颜色为"白色至绿色",如图 10-11 所示。

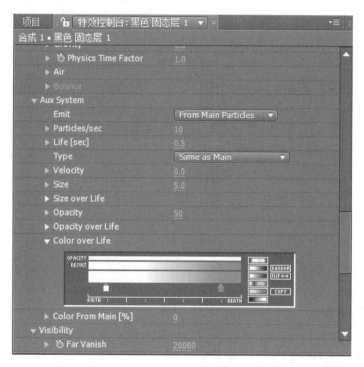

图 10-11 修改烟花颜色

13)这样夜空中出现了两支颜色不同的同一时间绽放的烟花。在"绽放的烟花"合成面

151

板的时间线上,选择"合成1"向后拖动 1s,使两支烟花的燃放时间错开,如图 10-12 所示。

图 10-12　错开烟花燃放时间

14)到目前为止,烟花的视频已经完成,使用快捷键〈Ctrl+M〉来进行导出。

10.3　练习

根据所给的 AE 模板,制作一份派对纪念相册。将照片放在 Photoshop 软件中进行美化,导入到 AE 模板中,参考其图层,学习效果的运用,将模板中的照片等替换为本次收集的素材,最后导出渲染。

第 11 章 思维导图的设计与制作

本章要点
- 思维导图的概念
- 思维导图的绘制方法
- 思维导图的绘制

思维导图是一种放射状的图形化思维表达方式,是一种帮助使用者在实际工作、学习等多种情景下,快速建立结构性的思维框架并图形化表达使用者思维的一种方式。图形化的方式可以帮助人们快速组织信息,识别信息,记忆信息,而结构化的思维导图更加适用于现代人们的快节奏学习、工作等使用场景。因此,读者学习本章时首先要了解思维导图的主要构成元素,再结合案例制作,并最终掌握思维导图的设计与制作的理念与方法。

11.1 思维导图的基本概念

11.1.1 思维导图的概念

思维导图(Mind Map)又称为"概念图""脑图",是一种结构化的图形思维表达方式,是用来表达放射性思维的一种简单而有效的图像思考和笔记工具。相较于传统思维表达方式的简单、生硬的线性罗列,思维导图的方式由于结合了形象思维与抽象思维,调动了人类左右脑的功能,借助图像、颜色和符号,配合文字,再让信息以脉络状的分支方式延伸放射出去,帮助记忆的同时使思维导图的设计和制作过程更加有趣,也使思维导图最终呈现的效果更加利于信息的传播和高效学习。

思维导图既可以使用手工绘制的方式制作,也可以采用更加便捷、高效的绘图软件或者移动应用来创建。思维导图的设计与绘制过程也是使用者对所要表达的信息进行前期整理重组和结构化设计的过程。

20 世纪 60 年代初,英国人东尼·博赞(Tony Buzan)提出了思维导图的概念。东尼·博赞是英国著名的大脑潜能与学习方法研究专家,也曾是英国头脑基金会的总裁,被誉为英国的"记忆之父"。他结合生物学、心理学、神经语言学、信息论、教育学等多学科领域对人类大脑的机能、思维模式以及潜能开发进行研究,首次提出放射性思考和思维导图的概念。近年来,围绕思维导图研究学习的各类教材、课程和多媒体课件得到广泛的设计和开发,各类学生、职业人员、科研人员等都在使用思维导图进行学习或开展工作以提高效率。

图 11-1 东尼·博赞

11.1.2 思维导图的构成元素

如果把思维导图类比作上海市地铁图，这张思维导图的中心就是地铁图的中心"人民广场"站，从中心发散出来的分支也就是 1 号、2 号等地铁线路，代表着通往"人民广场"中心站的不同方式，不同的站点用不同的符号和文字组合表现。最终获得的一张地铁图，可以方便人们找到目的地并制定换乘方案，大大提高了信息的获取和处理效率，如图 11-2 所示。

图 11-2　地铁图

每张思维导图的设计应具备一些必要元素。首先，每张思维导图都必须具备一个核心主题，作为整个思维导图的中心思想，可以是某次会议讨论的焦点，也可以是某个重点知识章节，甚至是某次读书计划等，思维导图的主题应该简洁清晰。其次，从中心主题散发出来的分支，可以是读书计划的日计划或者会议的分论点等。最后，思维导图还需要使用线条、箭头、符号和图像等元素来辅助信息的呈现，使得信息更有条理，信息结构更完整，信息内容更易读。

一张有效的思维导图应包含定义准确的关键点及设计科学、合理的分支，通过不同的颜色、符号、字体等要素的组合使用，从而形成自己的使用风格。思维导图设计要素如图 11-3 所示。

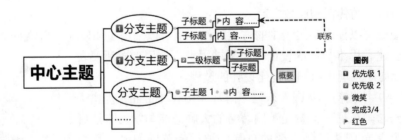

图 11-3　思维导图设计要素

- 中心主题/主标题：思维导图的核心主旨。由于思维导图必须具有清晰明确的主题，因此一张思维导图只有一个大主题。
- 分支主题/子标题：中心主题的主要分支可以是某工程计划的子计划或工程的不同过程阶段。分支过多会产生太多细节信息，从而增加用户信息读取的负担，分支太少又无法体现思维图的结构。因此，通常按照思维导图需要表达的主题范围来规划是否需要进一步划分主题层级，一般控制在 3～4 级即可。
- 联系符号：使用 "}" 花括号和箭头线可以对不同节点或段落的内容分别进行总结表述以及向用户传达不同分支节点可能存在的相互联系。
- 颜色、字体等：可以根据自己的需要个性化设计。

表 11-1 为常用的思维导图标识。

表 11-1 常用的思维导图标识

标识类别	标识元素名称	图标	功能
层级标识	中心主题	中心主题	表现思维导图的层次结构，逻辑顺序
	分支主题	分支主题 1	
	子标题	子主题 1	
	内容	内容	
图形标识	任务优先级	1 2 3 4 5 6 7 8 9	对思维导图的信息进行辅助性描述
	表情	😊 😐 😠 😷 😲	
	任务进度	◐ ◑ ◒ ◓ ✓	
	旗子	▶ ▶ ▶ ▶ ▶	
	星星	★ ★ ★ ★ ★ ★ ☆	
关系标识	联系线条	分支B ← 联系线条 → 分支A	表现节点、段落之间的关系和内容
	外框边界线	中心主题 分支主题1 分支主题2 外框边界线	
	段落概要	中心主题 分支1 分支2 概要	
附件标识	结构方式	结构 逻辑图(向右) ☐继承父节点的结构	对思维导图进行个性化设置的部分
	文字设置	文字 微软雅黑 13 ƒ	
	外形设置	外形 ☐矩形 ☐	
	边框设计	边框 — 细	
	线条设置	线条 ∫ 圆角折线 — 最细	

11.1.3 思维导图的基本作用

从思维导图中心发散出多条分支代表本周需要做的不同的事情，例如：学习计划、私人事务、在线会议等。把本周计划的相关信息从自己思维中整理提取出来，绘制分支，配上文字和图，有利于思维的整理有利于后期的记忆与展示。

与传统的思维方式相比，思维导图图文并茂，运用人类左右脑的功能，借由颜色、图像、符号的使用，培养人的发散性思维与创造性思维。它具有如下几点主要作用：

- 使用思维导图可以增进理解和记忆，提高掌握和获取信息的效率。
- 利于使用者从繁复的思维中，快速定义并找到信息的属性和关键部分。
- 可以清晰地显示信息与周围环境的关系，包括各种关键的和非关键的信息。
- 可以使使用者把握信息的复杂逻辑关系，增强使用者的结构性思维的培养。
- 可以激发使用者右脑开发，增强发散性、创造性思维能力。

思维导图存在场景适用的局限性。思维导图设计制作快捷，效果直观生动，多用于问题分析与解决、群体创新、头脑风暴、商务讨论等场合。但是，在信息阐述的详细程度、结构的完整性方面，思维导图不如传统的列表及文字方式，因此使用者要根据自己的使用场景，自行决定采用某种形式或者混合使用两种形式。

思维导图的一般使用场景包括以下几个方面（不限于）：

1）制定个人读书计划、学习计划、考研计划，帮助使用者梳理知识框架和脉络，方便记忆。

2）策划与实施晚会、旅游、宴会、竞赛。

3）企业产品研发人员开展新产品上市研究分析、需求调研、产品特征分析、竞争对手产品分析、项目管理。

4）企业事业单位管理人员制定组织发展战略、部门各项计划、问题分析和解决。

11.2 思维导图的绘制方法

11.2.1 思维导图常用工具的介绍

思维导图可以采用手工绘制，也可以借助于计算机绘图软件绘制。东尼·博赞认为自由曲线才能激发大脑的创造力，但是目前很多思维导图软件（如 Mindmanager）只能提供一些有限的固定形状，较为单调，留给用户的创造空间比较小。相对于绘图软件绘制方法，手工绘图过程中的上色环节和画图环节更能刺激用户大脑，但是手工绘制耗时较多，因此工作场景中并不常使用手工绘制。两者各有优劣，需要使用者选择适合自己的方式。

常用的思维导图绘制软件有 Mindmanager、MindMapper、CmapTool、ThinkingMaps、MapMaker、XMind、百度脑图等，其中部分软件需要下载安装才可以使用，部分软件，如百度脑图，是基于网络的思维导图设计工具。表 11-2 所示为几种常见的思维导图绘制软件。

表 11-2 几种常见的思维导图绘制软件

软件类别	使用方法	软件名称
客户端绘图软件	需先下载客户端软件安装包到本地硬盘，解压后安装到个人 PC 电脑上即可随时使用	XMind MindMeister iMindMap MindManager MindMapper Edraw Mind Map
在线绘图软件	需要在网络连通的环境下打开在线网站在线设计绘图，并可以保存导出最终效果图	百度脑图 ProcessOn ZhiMap My Mind 凹脑图 jsMind 极速灵感
移动端绘图软件	移动设备的思维导图设计软件，适合在安卓和 iOS 系统的移动设备上使用，如手机，平板电脑	ZhiMap SimpleMind Mindomo Mindjet iThoughtsHD

1．XMind

XMind 是一款跨平台的轻量化思维导图设计与制作软件，可以在任何桌面系统上完美运行，便于用户轻松通过多种样式、图表和设计形式组织想法和思维。XMind 是一款免费的开源软件。XMind 小巧便捷，运行流畅，其文件扩展名为.xmind。XMind 可以兼容微软所有的办公软件，且其文件可以导出成 Word、PowerPoint、PDF、TXT、JPEG 等格式。

XMind 中的思维导图结构包含一个中心主题，和从中心主题辐射出去的众多主要分支。除了思维导图，XMind 还可以绘制组织结构图、树状图、鱼骨图等，这些图表在某些情况下扮演着很重要的角色。比如，组织结构图可以清楚地显示公司、部门、团队的结构，鱼骨图在寻找问题原因的时候非常有用。更重要的是，所有这些图表都可以在一个导图中使用，每一个分支，甚至每一个主题，都可以选择最合适的结构，可用性极大。

2．MindManager

MindManager 不仅仅是一款思维导图绘制软件，它是一套完整定制的软件和工具，用来帮助用户进行头脑风暴、掌控项目、任务协作并保证项目高度协调一致执行。

MindManager 在共享环境中显示任务、想法、数据和详细信息，选择重点实施，暂时忽略细枝末节。MindManager 更像是一套完整的项目管理与协作方案软件，包含了非常强大的思维导图和头脑风暴工具，帮助用户组织项目、按项目分支分配任务、完整规划所需单独处理的事项和工作，从而保证项目成功。

3．ProcessOn

ProcessOn 是一个在线作图工具的平台，它不仅可以在线画流程图、思维导图、UI 原型图、UML、网络拓扑图、组织结构图等，而且有着海量的图形化知识资源。不管是在 Mac 还是 Windows 系统下，只需一个浏览器就可以随时随地地发挥创意，而且与其他工具相比，ProcessOn 还提供了小组、活动等很多社交性质的功能。

ProcessOn 支持 Flowchart、EVC、EPC、BPMN、UML、UI 界面原型图、iOS 界面原型图、维恩图和思维导图 9 种不同类型的图。这款工具采用实时的保存机制，每一步操作之后都自动保存，做完之后用户就可以导出图片，但是目前仅支持 PNG 格式和 PDF 格式。ProcessOn 是一款基于 HTML5 开发的在线作图工具，也可以做到无延迟协作，方便两个或多个人同时对一个文件协作编辑，对创业团队或者企业办公小组来说，是一个非常简单好用的工具。

4．百度脑图

百度脑图是一款基于网络的在线绘图工具，拥有类似 Office 风格的功能界面，支持关键词搜索，支持云协作和云分享。用户可以直接在线上创建、保存并分享自己的思路。这款工具操作也非常简单，无须下载安装，超级轻量化，同时也支持用户将生成的文件直接保存到云端上，便于异地办公传输调用。现在百度脑图支持多种格式的保存，包括 Xmind 格式、FreeMind 格式、PNG 和 SVG 等。不过，跟目前主流的思维导图工具相比，百度脑图的功能比较单一，不适用于商务等环境，只能画简单的思维导图，无法满足专业场景下的使用。

5．Mindomo

Mindomo 是一款非常漂亮的思维导图工具，既可以在网页端使用，又提供 Window、Mac、Linux、Android、iOS 等各个版本。Mindomo 提供了思维导图和项目协作工具，适用于企业和教育机构。

11.2.2 思维导图的类别

人们的日常生活、学习和工作都可以应用到思维导图。思维导图既是一种思考问题的方式，也可以是某个具体的工具，既可以用来做计划，也可以用来分析问题；既可以用于个人，也能用于企业；既可以用来做管理，也可以用来做研究等。可以说，方方面面都离不开它，都可以用它改善流程，提高效率。

思维导图可以有下面几种分类。

1．按照应用场景划分

按照应用场景划分，可以将思维导图分为生活类、学习类、工作类三大类思维导图，范围非常广。生活类思维导图主要是指使用者在面对日常生活问题的时候采用的思维导图类，如一份减肥计划的制定、一次生日的策划、一次旅游计划的设计等。学习类思维导图主要是个人在学习过程中为开展诸如学术研究、问题分析、课程探讨、课程设计等相关活动而绘制的思维导图，如一次读书计划的制定、一篇论文的编制过程或一场讲座、一堂公开课的设计等。工作类思维导图主要是指人们为了达到工作目的而绘制的思维导图，如一次产品发布会计划的制定、一次绩效评审的组织、年终年会策划等。如图 11-4 所示。

a)　　　　　　　　　　　　　　　　b)

图 11-4　将思维导图按应用场景划分

a) 生活类思维导图　b) 学习类思维导图

2. 按照使用目的划分

根据使用目的的不同，可以将思维导图分为组织管理类思维导图和时间计划类思维导图，如图 11-5 所示。

图 11-5　将思维导图按使用目的划分

a) 组织管理类思维导图　b) 时间计划类思维导图

在各类企事业单位，组织结构图、员工责任分配矩阵图这些最常见的信息表都可以用思维导图的方式表达。除此之外，个人或组织的各类时间计划、策划都属于时间计划类导图。

3. 按照绘制工具划分

按照工具可将思维导图分为两类，一是手工绘制类思维导图，二是软件绘制类思维导图，如图 11-6 所示。

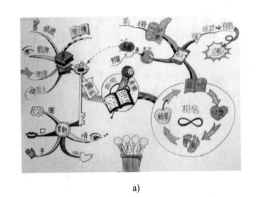
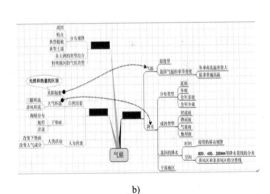

图 11-6　将思维导图按绘制工具划分

a) 手工绘制类思维导图　b) 软件绘制类思维导图

利用手绘的方式绘制思维导图，需要提前准备以下材料：
- A4 或其他大小的白纸，也可以是白板、黑板之类的可书写和擦拭的板材。
- 红、绿、蓝、黑等各色的水性中性笔、2B 铅笔或者白板笔等。

两种绘制工具各有优劣。首先，从外形设计上，手工绘制类思维导图更加吸引人，图形元素丰富有趣，配色和谐美观，富有创意性。相比之下，软件绘制类思维导图整体缺乏一定的趣味性，线条、图形都是软件当中已经定义好的规范，无法个性化设置，因此缺乏吸引力，并且无法进行个性化的绘图设计。其次，从内容上，手工绘制类思维导图表现内容丰富，信息易读，但是，首先要表达信息，切记不能过分强调美观而忽略关键内容的传达。软件绘制类思维导图结构层次一目了然，各个节点之间的关系清晰明确，信息详细。最后，从效率上，手工绘制类思维导图因为工序较多，对使用者有较高的要求，所以适合于一些教学场景，不适用于企业会议、商务谈判等比较正式的场合。而软件绘制类思维导图因其定义好的模块可以直接被调用，因而节省了用户大量的时间，并且软件自带多样化的导出储存格式，让软件绘图在使用效率、适用性上更胜一筹。

思维导图还有其他分类方法，如按照用户范围分，可分为个人使用类思维导图和组织类思维导图，这里不再赘述。

11.2.3 思维导图的绘制方法

绘制思维导图前要理清需求，可以使用"六何分析法"。

"六何分析法"，即"5W+1H"法，是一种思考问题方法，也是一种创造方法，由美国政治学家拉斯维尔在 1932 年提出。"六何分析法"在企业管理、日常生活应用非常普遍，适用性广。无论是手绘还是借助软件，都可以根据以下步骤来梳理思维导图。

1）Why（为什么），为什么要绘制这个思维导图？目的是什么？理由是什么？
2）What（是什么），该思维导图想要说明什么问题，需要传达什么样的信息？
3）Who（谁），该思维导图的用户是谁？谁是观众？观众又有什么特征？
4）Where（何地），从哪里着手开始？
5）When（何时），什么时间完成？什么时机最合适？
6）How（怎么做），怎么做？如何提高设计制作效率？

通过"六何分析法"梳理步骤帮助用户确定了整个思维导图的框架。根据信息的逻辑顺序确定思维导图的结构层次，再结合生活常识、社会阅历以及一定的美术知识，通过层级设计→内容设计→逻辑优化→图形修饰→保存输出 5 个步骤就可得到令人满意的思维导图。

1）层级设计。根据思维导图所要表达的主题进行思维导图框架的搭建。这一步骤需要定义一个清晰的、概述性的图形中心主题，以及充分、合理的分支脉络。

2）内容设计。根据思维导图使用的场景，如会议、读书等，思考分支内容的设计与编排，用户需要思考如何用关键信息阐述问题，可以使用联想、类比、对照等方法，让内容设计更加贴切。这一环节决定了各个分支内容的合理性、准确性，可以得到初步思维导图。

3）逻辑优化。在这一步骤需要对初步思维导图的分节点、内容之间的关系进行分析，确定彼此之间有无关联性，如有需要可以适当地使用关联线、边界线、花括号表示。

4）图形修饰。思维导图不仅需要对文字信息进行概述，还要添加必要的辅助图形、符号等修饰性的元素让信息的展示更加立体。而且，在使用过程中还需要适当地更新与维护，如任务进度状态的更新。

5）保存输出。根据用户具体的使用场合，自行选择合适的文件格式，如图片、PDF、文档等。

最终，一个合格的思维导图应满足以下几点要求：

1）结构布局合理规范。
2）分支层次清晰分明。
3）内容设计客观有效。
4）节点关系合理有序。
5）图形符号简洁易懂。
6）颜色搭配和谐美观。

11.3 项目 13 思维导图的绘制（XMind）

下面以用 XMind 制作一个项目管理计划的思维导图为例，介绍思维导图的具体绘制方法。

案例背景：项目管理计划是项目的总方针（或称为总体计划），它确定了执行、监控和结束项目的方式和方法，包括以下几部分。

1）项目范围管理计划。
2）项目时间管理计划。
3）项目成本管理计划。
4）项目质量管理计划。
5）项目人力资源管理计划。
6）项目沟通管理计划。
7）项目风险管理计划。
8）项目采购管理计划。

1）登录 XMind 官方网站：www.xmindchina.net/xiazai.html，下载系统对应的软件，其中 XMind 高级版需要授权，用户可以根据自己的需要选择购买。下载后，解压缩并安装。本节使用 XMind 6.0 版本制作。

2）打开 XMind，在模板库中可以看到 XMind 提供了许多成熟的模板，用户可以直接单击使用。单击模板库中"空白的"模板或执行"文件"→"新的空白图"菜单命令，即可完成空白画布的创建，如图 11-7 所示。新建的"空白画布"中已经创建了一个"中心主题"节点，如图 11-8 所示。

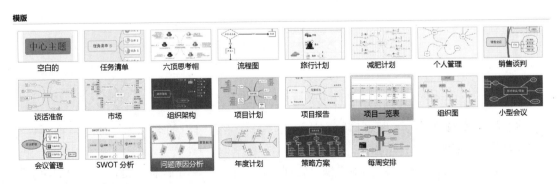

图 11-7 新建文件设置

3）双击"中心主题"节点或选中"中心主题"节点并按空格键进入编辑状态,更改节点名称为"项目管理计划",如图 11-9 所示。

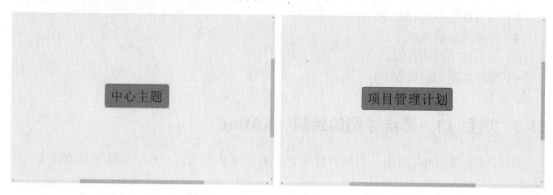

图 11-8　新建空白画布　　　　　　　　图 11-9　更改主题名称

4）插入"分支主题 1"。选中"中心主题"节点,单击鼠标右键,在弹出的快捷菜单中选择"插入"→"主题"命令,或者按〈Enter〉键或〈Tab〉键,插入"分支主题 1",如图 11-10 所示。

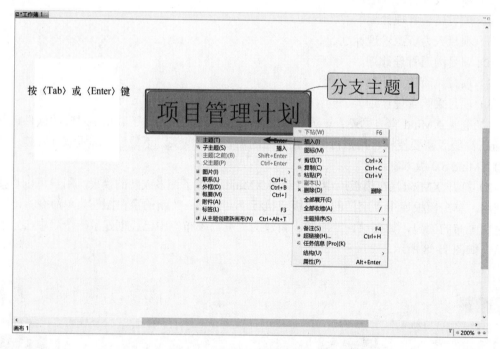

图 11-10　插入"分支主题 1"

5）按上述修改中心主题名称的方法修改"分支主题 1"的名称为"项目范围管理计划",如图 11-11 所示。

6）插入"分支主题 2"。选中"项目管理计划"主题,单击鼠标右键,在弹出的快捷菜单中选择"单击"→"插入"→"主题",或者按〈Enter〉键或按"〈Tab〉键,插入"分支主题 2",并按上述的方法修改"分支主题 2"的名称为"1. 项目范围管理计划"。

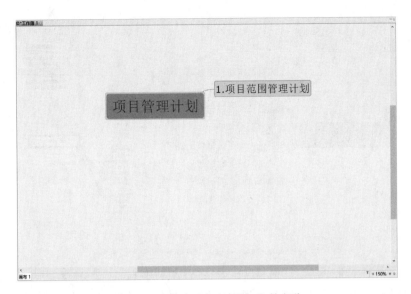

图 11-11　修改"分支主题 1"的名称

7）插入其他分支主题，并依次修改分支主题内容为"2．项目时间管理计划""3．项目成本管理计划""4．项目质量管理计划""5．项目人力资源管理计划""6．项目沟通管理计划""7．项目风险管理计划""8．项目采购管理计划"，如图 11-12 所示。

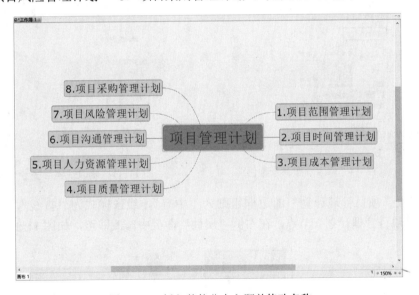

图 11-12　插入其他分支主题并修改名称

【提示】选中画布空白处，按住右键或者按住鼠标滚轮即可以平移画布以调整画布位置。按住〈Ctrl〉键的同时上下滚动鼠标滚轮即可以缩放画布。

8）调整思维导图的结构。单击任意节点，在右侧"属性"面板中单击"结构"选项，在弹出的下拉列表中选择"逻辑图（向右）"结构方式，将现有的"思维导图"结构改为"逻辑图（向右）"，如图 11-13 所示。

163

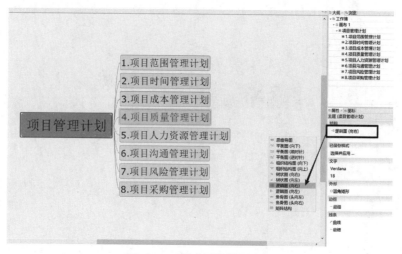

图 11-13 修改思维导图结构

9）调整思维导图的样式，修改背景为白色，字体为微软雅黑，分主题的字体大小为 10 号。在画布空白处单击，在右侧"属性"面板中选择"背景颜色"，修改颜色为"白色"，如图 11-14 所示；按住鼠标左键，框选所有分主题，在右侧"属性"面板中选择"文字"，修改字体与字号，如图 11-15 所示。

图 11-14 修改画布背景颜色

图 11-15 修改字体与字号

10）修改"项目管理计划"的边框粗细为"中等"，线条样式为"折线"，粗细为"中等"。选中"项目管理计划"节点，在右侧"属性"面板中修改即可，如图 11-16 所示。

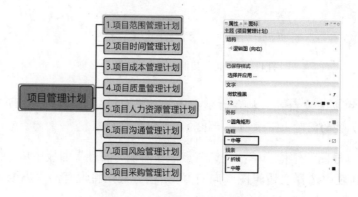

图 11-16 修改边框、线条样式

11）插入子计划的相关信息。选中"1．项目范围管理计划"，按〈Tab〉键插入子标题 1 和子标题 2，并双击修改内容为计划的制定时间和负责人，如图 11-17 所示。

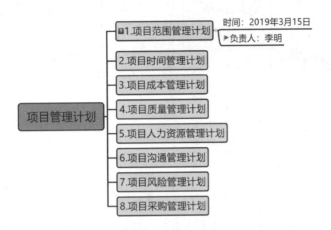

图 11-17　为分支主题插入信息并修改

12）按同样的方法，为"2．项目时间管理计划"和"3．项目成本管理计划"分支主题分别插入计划制定时间 2019 年 3 月 18 日、2019 年 3 月 25 日和负责人李明，如图 11-18 所示。

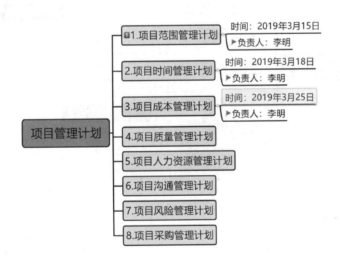

图 11-18　为其他分支主题插入信息并修改

13）插入概要信息。为"1．项目范围管理计划""2．项目时间管理计划"和"3．项目成本管理计划"插入概要信息。同时框选这三个二级节点，单击鼠标右键，在弹出的快捷菜单中选择"概要"命令并修改概要信息为"李明为项目经理，项目预算 30 万元"，如图 11-19 所示。

【提示】　使用〈Ctrl+Enter〉组合键在节点内输入内容的时候换行。

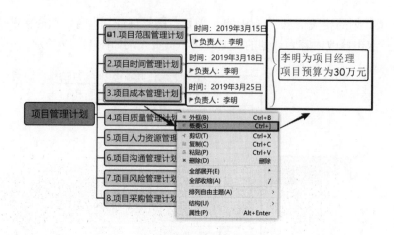

图 11-19　插入概要信息

14）用同样的方法，为后续计划插入信息和辅助图形，并执行"文件"→"导出"菜单命令，选择适当的格式导出。本案例最终效果图，如图 11-20 所示。

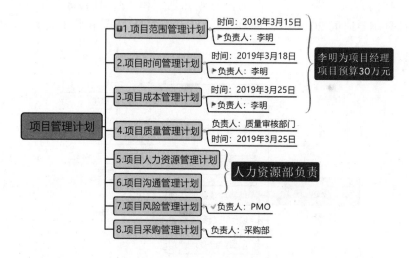

图 11-20　最终效果图

11.4　练习

根据案例效果，在所学知识的基础上，为自己制作一个思维导图，如"雅思复习计划""个人健身计划"。

第 12 章　虚拟现实的设计与制作

本章要点
- 虚拟现实的特征
- 虚拟现实的主要技术
- Unity3D 开发基础
- Unity3D 应用

虚拟现实（Virtual Reality，VR）技术是一种可以创建和体验虚拟世界的计算机仿真系统，它利用计算机生成一种模拟环境。该模拟环境是一种多源信息融合的、交互式的三维动态视景和实体行为的系统仿真，使用户沉浸到该环境中。

12.1　虚拟现实的概念

12.1.1　虚拟现实的定义

虚拟现实技术，是指利用三维技术虚拟出一个空间，并且具有视觉、听觉、触觉等感官模拟，让体验者仿佛置身于虚拟世界，具有极强的沉浸感体验。

在 1993 年的世界电子学年会上，美国科学家柏笛在其发表的《虚拟现实系统及其引用》一文中，组建了一个虚拟现实技术的三角形模式，即通常所说的沉浸性（Immersion）、交互性（Interaction）以及构想性（Imagination）。即"I^3"，如图 12-1 所示。其中人的感受最重要，强调人在虚拟现实技术系统中的主导作用。

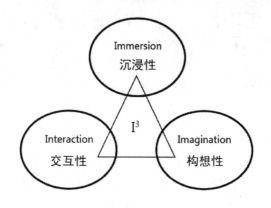

图 12-1　虚拟现实技术的三角形模式

具体来说，虚拟现实设计即应用数据信息多媒体实施科学的规划设计，并有效应用专门的计算机软件将三维模式的现实全景、物象特征等均模拟成数字化的虚拟形象，对图像、音频、视频动画等多媒体技术实施优化整合，通过数字媒介工具向体验者传播推送。并且虚拟现实技术可以让体验者存在视、听、触等层面的感官体验，从而让其产生一种极强参与感的体验过程。在整个过程中，主要是依据规划设计者的艺术构想，进而形成一种酷似生活现实的模拟场景，这样就可以让体验者充分沉浸其中，并可以按照自己的需求进行互动显示。

12.1.2 虚拟现实的特征

依据体验者参与的方式以及沉浸体验的程度，可以将虚拟现实细分为四个系统，即非沉浸式虚拟现实系统、沉浸式虚拟现实系统、增强现实性虚拟现实系统、分布式虚拟现实系统。

1．非沉浸式虚拟现实系统

非沉浸式虚拟现实也称桌面虚拟现实，如图 12-2 所示。非沉浸式虚拟现实应用微机或者低级终端平台实施模拟，并在这个过程中将微机的显示屏为体验者观察虚拟场景的一个窗口。这种桌面式虚拟现实系统的最大不足是难以带来真实的现实体验感受，但投入成本相对很低，这是这种模式的最大优势，所以在推广应用上依然非常普遍。常见的桌面虚拟现实系统涵盖了桌面三维、以静态图像为切入点构建的 QuickTimeVR 系统等。

图 12-2　非沉浸式虚拟现实

2．沉浸式虚拟现实系统

沉浸式虚拟现实技术可以为体验者带来一种真实的现实体验感受，如图 12-3 所示。其技术原理是应用头盔型显示器或者其他视频设备，同时触发体验者的视、听、触动等感觉，构建一个由数字模拟技术虚拟建立的全景式空间，同时应用位置跟踪仪、数字手套以及其他手动输入设备、立体声响等，让体验者感受到一种身临其境的体验感。

图 12-3　沉浸式虚拟现实

3. 增强现实性虚拟现实系统

增强现实性虚拟现实应该是所有虚拟现实技术系统的追求，其不但应用一系列的虚拟现实系统技术来充分模拟生活现实，重点是应用全景化的环境模拟系统来增强体验者的参与感。比如军事领域战斗机飞行员应用的平视显示终端，可以快速地将仪表数据以及武器瞄准信息等一并投射到直观性的屏幕上，使飞行人员根本不需要专门查看相关的数据信息，而只要将精力放在紧盯敌机或者注意纠正导航偏差就可以，作战效果必将大幅度提升。

4. 分布式虚拟现实系统

所谓分布式虚拟现实系统，即人们通常所说的 DVR，重点指的是通过互联网信息数据传递而构成的一种虚拟现实技术系统。其主要是在虚拟的网络社会中运行，即一个或者多个用户可以在各自的终端平台上参与或者共享模拟空间。这种 DVR 技术模式从结构上来看是在沉浸式虚拟现实技术理念的基础上，把地理分布中多个用户以及多个虚拟现实都充分连接，使每个体验用户均可以同时参与并体验到一个虚拟的全景空间，并且各个用户相互之间可以实施交流互动。可见，该虚拟技术让参与者的体验感往往更加强烈。

12.1.3　虚拟现实的主要技术

传统的信息处理环境一直是人去学习和适应计算机，虚拟现实技术是使人能够参与到视觉、听觉、触觉、嗅觉、物理、手势或密码中。进入信息处理环境，获得沉浸式体验。这种信息处理系统不再是建立在单维数字空间上，而是建立在多维信息空间上。虚拟现实技术是支撑这一多维信息空间的关键技术。

1. VR 技术硬件

2014 年，谷歌集团推出一款价位很低的 3D CardBoard 全景设备。这款产品从结构上看是由硬纸壳与透视镜所组成的 VR 全景眼镜，与装有 3D 显示应用软件的智能终端或者手机终端实施技术连接之后，可为体验者带来一种强烈的视觉冲力。

2014 年 9 月，韩国三星集团也推出了一款 Gear VR 头盔，如图 12-4 所示。该头盔系统可让用户参与 360 度大全景图片以及 3D 视频播放效果的体验。但这款产品的缺陷是唯有接入三星 Galaxy Note 4 品牌智能手机才可以应用，并且体验者的摇头等动作可在虚拟场景中实时显示。

图 12-4　三星 Gear VR 头盔

2015 年 9 月，索尼集团针对网络游戏领域专门研发了一款专用 VR 头盔。这款名为 Play Station 的 VR 产品深受青年人欢迎，如图 12-5 所示。这与该产品采用了高分辨率的 5.7in 显示面板以及刷新率高达 120Hz 以上有很大的关系。其成为索尼集团抢占市场制高点的主要品牌。

图 12-5　索尼 VR 头盔 Play Station

美国眼镜制造商 Vuzix 利用原有技术优势，推出了 VR 头盔 I Wear 720，如图 12-6 所示。这款虚拟现实设备支持几乎任何型号的智能手机。

图 12-6　Vuzix VR 头盔 I Wear 720

世界驰名的游戏设备制造商雷蛇公司也跻身于 VR 技术的研究，并组成科研团队在 2015 年正式推出一款头戴类型的全景显示装备 OS——虚拟现实（VR）系统，如图 12-7 所示。该产品可适配各个版本的 Windows 操作系统，而且与其他的 VR 耳机等设备实现了全面兼容。

图 12-7　雷蛇 VR 头盔 OSVR

2015 年 3 月，HTC 集团和 Valve 公司协作研发了一款名叫 HTC Vive 的 VR 产品，如图 12-8 所示。该产品主要也是帮助体验者应用 Vive 的功能板块参与 VR 游戏互动。其头戴式显示器上共有 32 个定位感应器，准确定位所带来的临场感，能使人沉浸在 110°视场中体现令人"叹为观止"的视觉内容。精细的图像在 2140×1200 的分辨率及 90Hz 刷新频率的推送下，带来流畅的游戏体验和逼真的感受与动作。两个握在手中的无线控制器各有 24 个定位感应器，提供 360°一比一的精密动作捕捉。

图 12-8　HTC VR 设备 HTC Vive

大朋 VR 成立于 2014 年 6 月，是上海乐相科技有限公司旗下 VR 品牌。2016 年 3 月，大朋 VR 召开新品发布会，正式推出大朋 VR 一体机 M2，如图 12-9 所示。M2 一体机是全球首款量产的 VR 一体机，由三星、ARM 鼎力支持打造，采用三星 2.5K/ AMOLED 显示屏，视场角 96°，内置系统、处理器、图形处理单元、自带 100 多款海内外精品 VR 游戏和 10000 部 VR 视频，可随时随地自由畅玩。

北京小鸟看看科技有限公司成立于 2015 年 3 月，2016 年 4 月发布 VR 一体机——Pico Neo，如图 12-10 所示。Pico Neo 的空间定位技术，让用户可以在虚拟现实世界中自由行走，使用双手触碰 VR 中的对象，或与其他玩家进行互动，而无需任何外置定位设备，也无须连接

171

计算机主机，戴上 Pico Neo VR 一体机，可随身携带无线一体的头和手 6DoF 定位功能。

 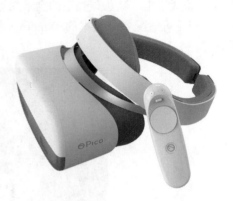

图 12-9　大朋 VR 一体机 M2　　　　　　　图 12-10　Pico Neo 一体机

2．VR 技术软件

随着各行各业对 VR 技术及其开发软件的需求日益旺盛，VR 软件也层出不穷，比较主流的有如下几款。

Virtools 是 Virtools 公司开发的一套整合软件，如图 12-11 所示。其特点非常显著，被业界认为目前功能最稳定也是最强大的全景技术制作应用软件，学习资料也比较多。Virtools 是开发 Web 3D 游戏的首选。

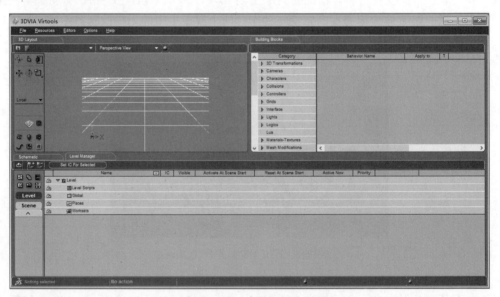

图 12-11　Virtools 软件界面

WebMax 是上海创图科技公司自主研发的以 VGS 技术为核心的新一代网上三维 VR 软件开发平台，如图 12-12 所示。其具备非常真实的画面感觉和独特的压缩技巧，在互动互通上非常灵活，但对于 VR 演示效果并不如专业的 VR 制作引擎那么好，因此这款软件仅运用于网页上小型的虚拟演示制作。

图 12-12　WebMax 软件界面

Unreal Engine 4（简称 UE4）是 Epic Games 公司研发的虚幻免费游戏引擎，如图 12-13 所示。从 1998 年发行至今，一共经历了 UE、UE2、UE2.5、UE3、UDK 和 UE4 多个版本。UE 4 作为 Epic 发布的第四代虚幻引擎，基本上是 UE UDK 的后续版本，虽然改得有点多，Unreal Engine 一直以来都是使用自家的脚本语言 UnrealScript。而在 UE4 中，UnrealScript 被 C++ 替换掉了。

图 12-13　UE4 软件界面

173

Unity3D 是由 Unity Technologies 公司开发的可以轻松创作的多平台游戏开发工具，是一个全面整合的专业游戏引擎，如图 12-14 所示。据了解，目前这是最专业、最热门、最具有前景的 VR 开发工具之一。整合了之前多款软件的技术优势，从 PC 到 Mac 甚至到移动终端，都能看到 Unity3D 的影子。随着 iOS、Android 手机的大量普及和 3D 网页游戏的兴起，Unity3D 因其强大的功能、良好的移植性，在手机和网页平台得到了广泛的应用和传播。随着虚拟现实硬件技术的不断发展，Unity 从 5.1 版本开始提供对虚拟现实的开发支持。

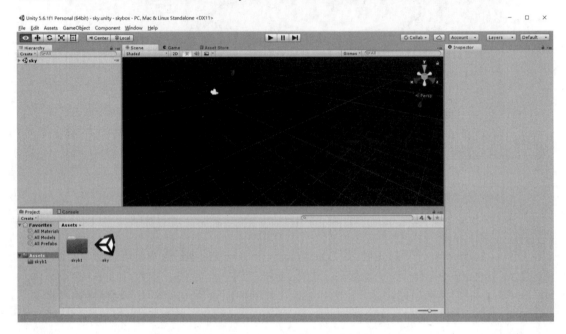

图 12-14　Unity 3D 软件界面

12.2　Unity3D 开发基础

12.2.1　Unity3D 的获取

本节以 Unity 2017 版本进行讲解。Unity Technologies 公司为用户提供了两个版本的软件，一个是适用于商业的专业收费版本，另一个是适用于个人研发和学习使用的免费版本。为下载安装 Unity3D 软件，需要先在 Unity3D 官方网站上注册一个 Unity3D 账号。注册网址为 https://id.unity.com/en/conversations/64308a5e-4f9c-480c-8288-2f422f252a1b00ef。注册完成后，即可在官方网站根据自己的操作系统和所需版本进行软件下载和安装。

下载安装软件后打开 Unity，进入新建项目界面，可以选择创建新的工程，也可以选择打开已有的工程文件。进入创建新工程界面，其中包含"Project Name"（工程名）、"Location"（文件位置）、"3D"/"2D"、"Add Asset Package"（资源导入），如图 12-15 所示。

【提示】　Unity 中除了代码注解和资料之外，全部禁用中文命名。

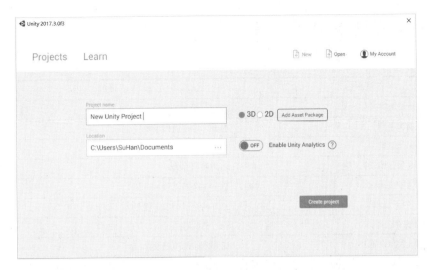

图 12-15　Unity 新建工程界面

12.2.2　Unity3D 编辑器窗口

创建工程文件完成后，进入 Unity3D 编辑器窗口，如图 12-16 所示。Unity3D 编辑器窗口包含 Scene（场景编辑面板）、Game（场景预览面板）、Hierarchy（对象层级面板）、Project（项目资源面板）和 Inspector（组件属性面板）。

图 12-16　Unity3D 编辑器窗口

菜单栏中有 7 个菜单，即"File"（文件）、"Edit"（编辑）、"Assets"（资源）、"GameObject"（游戏对象）、"Component"（组件）、"Window"（窗口）与"Help"（帮助）。

以下介绍各菜单中的菜单命令，见表12-1～表12-7。

表12-1 "File"菜单

菜单命令	功能介绍
New Scene（新增场景）	创建一个新场景
Open Scene（打开场景）	打开一个已有的场景
Save Scene（保存场景）	保存修改后的场景
Save Scene as（另存场景）	将场景另存为
New Project（新建工程）	创建一个新工程
Open Project（打开工程）	打开一个已有的工程
Save Project（保存工程）	保存修改过的工程
Build Settings（发布设置）	工程发布的相关设置
Build&Run（发布&执行）	工程发布
Exit（退出）	退出 Unity3D

表12-2 "Edit"菜单

菜单命令	功能介绍
Undo（上一步）	撤回到上一个动作
Redo（下一步）	重复至下一个动作
Cut（剪切）	将对象剪切到剪贴板
Copy（复制）	复制对象到剪贴板
Paste（粘贴）	将剪贴板中的当前对象贴上
Duplicate（复制品）	复制并贴上对象
Delete（删除）	删除对象
Frame Selected（缩放窗口）	平移缩放窗口至选择的对象
Look View to Selected（聚焦）	切换到搜索框，通过对象名称搜索对象
SelectAll（选择全部）	选择全部对象
Preferences（偏好设置）	设定 Unity 编辑器偏好设置功能的相关参数
Modules（模块）	选择加载 Unity 编辑器模块
Play（播放）	执行游戏场景
Pause（暂停）	暂停游戏
Step（步骤）	下一步
Sign in（登录）	登录到 Unity 账户
Sign out（退出）	退出 Unity 账户
Selection（选择）	载入和保存已有的选项 Project
Settings（工程设置）	设置工程的相关参数
Graphics emulation（图形仿真）	选择图形仿真方式
Network emulation（网络仿真）	选择网络仿真方式
Snap settings（吸附设置）	设置吸附功能的相关参数

表 12-3 "Assets" 菜单

菜单命令	功能介绍
Create（创建）	创建（文件夹、脚本、灯光及材质等）
Show in Explorer（文件夹显示）	在对应文件夹中显示
Open（开启）	开启对象
Delete（删除）	删除对象
Open Scene Additive（添加场景）	打开添加的场景
Import New Asset（导入新资源）	导入资源对象
Import Package（导入资源包）	导入资源包
Export Package（导出资源包）	导出资源包
Find References in Scene（在场景中找出资源）	在场景视图中找到所选资源
Select Dependencies（选择相关）	选择相关的资源
Refresh（刷新）	刷新资源
Reimport（重新导入）	将所选对象重新导入
ReimportAll（重新导入所有）	将所有对象重新导入
Run API Updater（运行 API 更新器）	启动 API 更新器
Open C# Project（与 MonoDevelop 工程同步）	开启 MonoDevelop 并与工程同步

表 12-4 "GameObject" 菜单

菜单命令	功能介绍
Create Empty（创建空对象）	创建一个空对象
Create Empty Child（创建空的子对象）	创建其他组件（分子系统、摄影机、接口文字与几何物体等）
3D Object（3D 对象）	创建三维对象
2D Object（2D 对象）	创建二维对象
Light（灯光）	创建灯光对象
Audio（声音）	创建声音对象
UI（界面）	创建 UI 对象
Particle System（粒子系统）	创建粒子系统
Camera（摄像机）	创建相机对象
Center On Children（聚焦子对象）	移动父对象到子对象中心点
Make Parent（构成父对象）	创建父子对象集的对应关系，需要选中多个对象
Clear Parent（清除父对象）	取消父子对象的对应关系
Apply Changes To Prefab（应用变换到预制体）	更新对象的修改属性到对应的预制体上
Break Prefab Instance（取消预制实例）	取消实例对象与预制体之间的属性关联关系
Set as first sibling（选择作为第一个子对象）	设置选定子对象为所在父对象下面的第一个子对象
Set as last sibling（选择作为最后一个子对象）	设置选定子对象为所在父对象下面的最后一个子对象
Move To View（移动到视图中）	移动选定的对象到视图中心点
Align With View（与视图对齐）	移动选定的对象与视图对齐
Align View to Selected	移动视图与选定的对象对齐
Toggle Active State	设置选定的对象为激活或不激活状态

表 12-5 "Component" 菜单

菜单命令	功能介绍
Add（新增）	在选定的对象上新增可选的属性
Mesh（网格）	在选定的对象上新增网格相关的属性
Effects（特效）	在选定的对象上新增特效相关的属性
Physics（物理效果）	在选定的对象上新增物理效果相关的属性
Physics 2D（2D 物理效果）	在选定的对象上新增 2D 物理效果相关的属性
Navigation（导航）	在选定的对象上新增路径搜寻相关的属性
Audio（音效）	在选定的对象上新增音效相关的属性
Rendering（渲染）	在选定的对象上新增渲染相关的属性
Layout（布局）	在选定的对象上新增布局相关的属性
Miscellaneous（其他）	在选定的对象上新增其他的属性
Event（事件）	在选定的对象上新增事件
Network（网络）	在选定的对象上新增网络属性
UI（用户界面）	新增 UI 组件

表 12-6 "Window" 菜单

菜单命令	功能介绍
Next Window（下一个窗口）	移至下一个窗口
Previous Window（前一个窗口）	移至前一个窗口
Layouts（布局）	修改 Unity3D 编辑界面的布局配置
Services（服务）	服务设置
Scene（场景）	打开场景视图
Game（游戏）	打开游戏视图
Inspector（属性窗口）	打开属性视图
Hierarchy（层次视图）	打开层次窗口
Project（工程视图）	打开工程窗口
Animation（动画编辑窗口）	打开动画编辑窗口
Profiler（图形化效能窗口）	以图形化的方式显示各种系统资源的使用情况
Audio Mixer（音频混合器）	打开音频混合器窗口
Asset Store（资源商店）	打开官方的资源商店窗口
Version Control（版本控制）	打开版本控制窗口
Animator（动画器）	打开动画器窗口
Animator Parameter（动画参数）	打开动画参数设置窗口
Sprite Packer（精灵图集）	打开精灵图集制作窗口
Lighting（光照映射）	打开光照映射设置窗口
Occlusion Culling（遮挡剔除）	打开遮挡剔除设置窗口
Frame Debugger（帧调试器）	打开帧调试器窗口
Navigation（导航）	打开导航窗口
Console（控制台）	打开控制台窗口

表 12-7 "Help" 菜单

菜单命令	功能介绍
About Unity（关于 Unity）	显示 Unity 版本与相关信息
Manage License（软件许可管理）	打开 Unity3D 软件许可管理工具
Unity Manual（Unity 教程）	打开 Unity 官方在线教程
Scripting Reference（脚本参考手册）	打开 Unity 官方在线脚本参考手册
Unity Services（Unity 在线）	打开 Unity 官方服务平台
Unity Forum（Unity 论坛）	打开 Unity 官方论坛
Unity Answers（Unity 问答）	打开 Unity 官方在线问答平台
Unity Feedback（Unity 反馈）	打开 Unity 官方在线反馈平台
Check for Updates（检查更新）	检查 Unity 版本更新
Download Beta（下载安装程序）	下载 Unity3D 的 Beta 版本安装程序
Release Notes（发行说明）	打开 Unity 官方在线发行说明
Report a Bug（问题报告）	向 Unity 官方报告相关问题

【提示】 下文中菜单名称用英文描述，具体含义和功能参照以上菜单命令列表。

12.2.3 Unity3D 图形界面

GUI（Graphical User Interface，图形用户界面），又称图形用户接口。Unity 最初提供的 GUI 用户界面设计必须通过脚本编写来实现。UGUI 是 Unity 提供的一套原生的可视化用户界面开发工具，从 Unity 4.6 版本开始内置到系统中。UGUI 自带控件，其中 Image 用于显示 Sprite 图像，Raw Image 用于显示 Texture 图像。所有控件都继承自 MonoBehaviour 类，都由组件组成，开发者也可以通过组件的组合和组件属性设置来设计漂亮、功能丰富的控件，如图 12-17 所示。

图 12-17 UGUI 控件菜单

12.2.4 Unity3D 物理引擎和碰撞

在 Unity3D 内的 Physics Engine 引擎中，将带有物理属性的对象分成几类，包括 Rigidbody（刚体）、Kinematic Rigidbody（运动学刚体）、Static Collider（静态碰撞器）和 Character Controller（角色控制器）。

1．Rigidbody（刚体）

刚体属性会模仿对象的物理效果。当要移动刚体时，最好使用施力（Force）或扭力（Torque）等物理力来驱动。不应该在多个对象有层次（Hierarchy）关系的情况下，将 Parent 和 Child 对象的 Rigidbody 属性放在一起，也不要任意缩放 Parent 对象的 Rigidbody 属性。

2．Static Collider（静态碰撞器）

静态碰撞器往往用于具有碰撞器 Collider，却没有刚体（Rigidbody）的游戏对象，这种对象一般不会移动，而且往往是和刚体对象有互动的固定景物，如墙壁、大楼等。通常情况下最好不要任意移动此类对象，一旦移动，物理引擎就重新计算，会增加效能的消耗。

3．Character Controller（角色控制器）

角色控制器专门用来控制角色，或称为具有角色性质的控制器，其本身只具有碰撞（Collision）运算而没有物理性质，故可以侦测碰撞而不受一般力（Force）的影响，但是可以用脚本控制给予力量而推动。

为游戏对象添加物理属性的方法是，启动 Unity 应用程序，创建一个游戏对象，在菜单栏中执行"Component"→"Physics"命令，在"Physics"子菜单中可以选择物理属性，如图 12-18 所示。

图 12-18 "Physics"子菜单

12.2.5 Unity3D 场景资源

1．地形系统

在虚拟现实的开发过程中，地形是不可或缺的重要元素。Unity 提供了一个功能强大、制作灵活的地形系统 Terrain，可以实现快速创建各种地形，添加草地、山石等材质，添加树木、花草等对象，从而创建出逼真自然的地形环境。如执行"GameObject"→"3D Object"→"Terrain"菜单命令，可以为游戏场景添加地形，如图 12-19 所示。

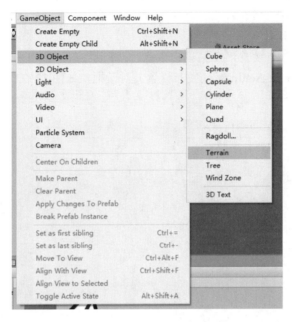

图 12-19　Terrain 地形编辑器

2．灯光设置

地形创建完成后，需要添加光照效果，让整个场景效果更加逼真。在菜单栏中执行"GameObject"→"Light"→"Directional Light"命令，新增一盏平行光，如图 12-20 所示。可在右侧的属性面板内设置灯光参数，如图 12-21 所示。

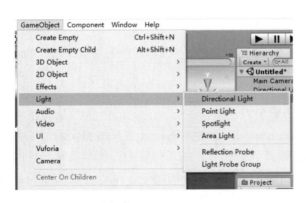

图 12-20　添加灯光　　　　　　　　　　图 12-21　设置灯光参数

12.2.6 跨平台发布

游戏制作完毕后,需要进行平台打包才能最终发布。Unity 最大的特点就是一次开发完成,可以部署到目前所有主流的游戏平台,节省了大量的时间和精力,提高了工作效率。

Unity 支持的发布平台较多,而且数量一直在增长,主要包括 Windows、Mac、Linux、Android、iOS 和 WebGL。

在发布前先进行发布设置,在菜单栏中执行"File"(文件)→"Build Settings"(发布设置)命令,打开"Build Settings"(发布设置)对话框,如图 12-22 所示。

图 12-22 "Build Settings"对话框

此对话框中有两个选项组,分别是"Scenes In Build"(发布包含的场景)和"Platform"(发布平台)选项组。

1. "Scenes In Build"选项组

首次打开"Build Settings"(发布设置)对话框时,"Scenes In Build"选项组中的场景列表是空的。可以使用"Add Open Scenes"(添加要发布的场景)按钮来添加场景,或者将 Project 项目视图中的场景文件直接拖到列表里。场景列表中的数字就是运行的时候被加载的顺序,如图 12-23 所示,"0"表示第一个加载的场景,可以通过上移和下移来调整顺序。

图 12-23　添加发布场景

2．"Platform"选项组

在"Platform"选项组中列出 Unity 版本支持的目标发布平台。如果需要改变目标平台，在选择好平台之后单击"Switch Platform"（转换平台）按钮即可更改。当前被选中平台的名称右侧会出现 Unity 小图标作为标识，如图 12-24 所示。

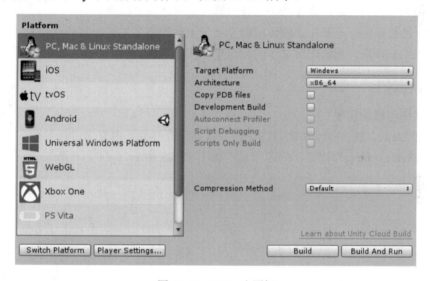

图 12-24　Unity 小图标

选中的平台会有一系列选项用来设置并发布的流程。每个平台的选项参数不同，要根据具体项目需求进行设置。

12.3　项目 14　虚拟现实游戏的制作

虚拟现实技术与游戏的结合是当前虚拟现实技术应用较广的一种形式，如今手机端和 PC 端游戏的规划越来越复杂，画面越来越精美，娱乐性和交互性也越来越强，本章以开发射击类娱乐游戏"坦克大战"为例来介绍虚拟现实游戏的制作。简单地说，虚拟现实游戏制作分为以下几步：场景素材的导入和管理、脚本的创建和调试，以及 UI 的添加；游戏程序发布。

12.3.1 游戏介绍

1．游戏功能和环境

功能：坦克大战共分为两个对象，分别是坦克 A 和坦克 B，当坦克 A 和 B 在初始生成的时候各自的血量为 100%。玩家可以通过分别控制坦克 A 和 B 的状态，实现攻击和损毁对方坦克的目的，当其中一方被坦克所发射出的子弹射中受到伤害后血量值开始递减，当血量值减为 0 的时候，在场景中摧毁血量值为 0 的坦克，游戏结束。

运行环境：Windows 7/8/10 64 位系统。

2．系统设计

坦克大战游戏是由场景模型模块、坦克模型模块、炮弹模块、炮弹触发检测模块、粒子特效模块和相机跟随模块这六个功能模块组成的。

1）场景模型模块：资源导入、加入场景模型并调整其位置、灯光和角度。
2）坦克模型模块：加入坦克模型，添加碰撞器、材质球，并使其移动。
3）炮弹模块：加入炮弹模型，添加碰撞器（将其勾选 isTrigger），并使其移动。
4）炮弹触发检测模块：炮弹击中墙或坦克与炮弹之间的碰撞。
5）粒子特效模块：炮弹击中物体或坦克被击中销毁是产生的状态。
6）相机跟随模块：相机始终位于两个坦克中间的中心。

12.3.2 游戏制作

1．场景模型模块实现

1）打开 Unity，在 Unity 中新建项目，并将其项目存放在自定义目录下，单击"Create project"按钮，创建项目，如图 12-25 所示。

项目 14　虚拟现实游戏的制作（一）

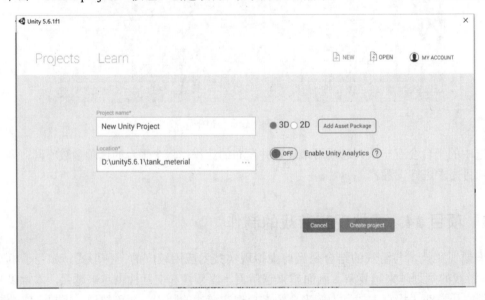

图 12-25　新建游戏工程文件

2）项目创建完成之后，将"坦克大战"游戏中所涉及的模型资源包导入 Unity 的"Assets"文件夹中，在菜单栏中执行"Assets"→"Import Package"→"Custom Package"命令，导入游戏资源包，如图 12-26 所示。

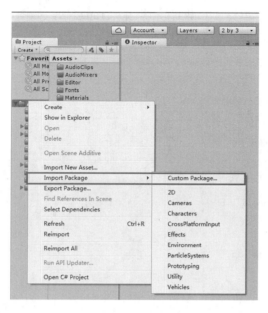

图 12-26　导入资源包

3）当在项目中导入模型场景资源包后，将场景资源包放置于 Unity 的 Scene 视图中，并在"Inspector"属性面板中的"Transform"属性上调整其位置和角度，如图 12-27 所示。在这里需要注意，当导入场景资源后，场景资源中已经带有灯光"Directional light"，所以要将新建场景中自带的"Directional light"灯光删除（在"Directional light"上右击后选择"Delete"菜单命令即可删除），在场景中只保留一个灯光即可。

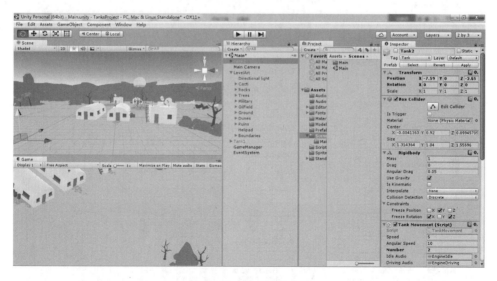

图 12-27　游戏场景布局

2．坦克模型模块实现

1）在"Assets"→"Prefabs"目录中找到名字为"Tank"的模型，将其放置于 Scene（场景）视图中，调整位置，然后将其复制，并添加材质球（用来区分坦克"Tank1"和坦克"Tank2"），如图 12-28 所示。

项目 14　虚拟现实游戏的制作（二）

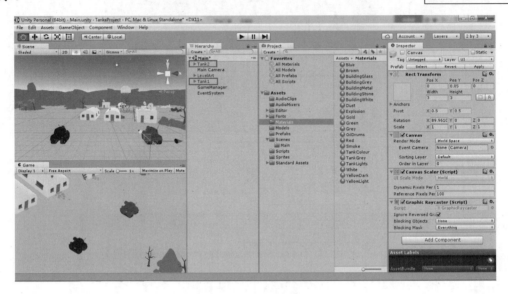

图 12-28　添加坦克角色

2）接下来为加入的坦克添加碰撞器，用来和子弹发生碰撞检测。选择"Tank2"，执行"Component"→"Physics"→"Box Collider"菜单命令（"Tank1"的设置步骤同"Tank2"），完成两个坦克的碰撞器添加，如图 12-29 所示。

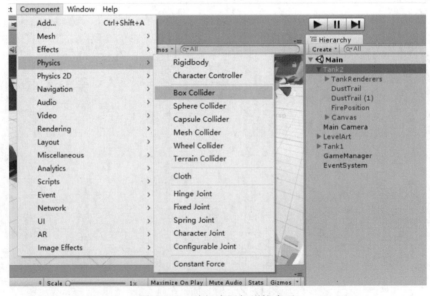

图 12-29　给坦克添加碰撞盒子

3）接下来为坦克添加脚本代码，控制其移动状态。在"Assets"中新建文件夹并将其命名为"Scripts"，右击"Scripts"文件夹，新建名为"Tank Movement"的脚本，脚本编写完成后将脚本拖动到"Hierarchy"中的"Tank1"坦克游戏对象上面，完成脚本挂载，如图12-30所示。

项目14 虚拟现实游戏的制作（三）

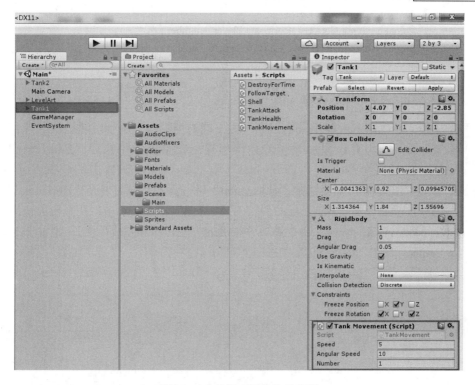

图12-30 给坦克添加移动代码

"Tank Movement"脚本代码如下：

```
using UnityEngine;
using System.Collections;
using UnityEditor;
/// <summary>
/// 类功能：控制坦克移动
/// </summary>
public class TankMovement : MonoBehaviour {

    public float speed = 5;
public float angularSpeed = 30;
//增加一个玩家的编号，通过编号区分不同的控制
    public float number = 1;
    private Rigidbody rigidbody;

    // Use this for initialization
```

```
void Start () {
    rigidbody = this.GetComponent<Rigidbody> ();
}
void Update() {
    float v = Input.GetAxis("VerticalPlayer"+number);
    rigidbody.velocity = transform.forward*v*speed;

    float h = Input.GetAxis("HorizontalPlayer"+number);
    rigidbody.angularVelocity = transform.up*h*angularSpeed;
}
}
```

4）为了使同一个脚本控制不同的坦克，为不同的坦克添加编号，通过获取带有自定义编号的轴控制不同的坦克。添加编号的具体步骤：在菜单栏中执行"Edit"→"Project Settings"→"Input"命令，在"Horizontal"轴上面右击，在弹出的快捷菜单中选择"Duplicate Array Element"命令添加"Horizontal"轴，添加完成后展开"Horizontal"，修改Name 为"Horizontal1"和"Horizontal2"；在"Vertical"轴上面右击，在弹出的快捷菜单中选择"Duplicate Array Element"命令添加"Vertical"轴，添加完成后展开"Vertical"，修改Name 为"Vertical1"和"Vertical2"，如图12-31所示。

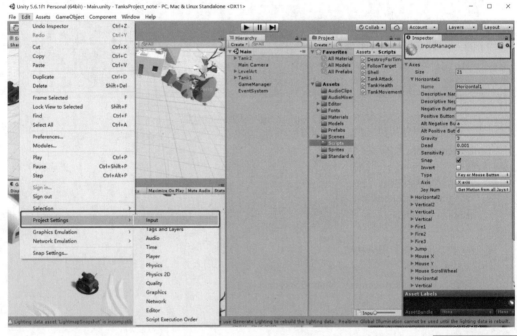

图 12-31　添加不同轴向

3．炮弹模块实现

1）在"Assets"→"Models"目录中找到名字为"Shell"的炮弹模块，将其拖到"Scene"视图中，然后添加"BoxCollider"（为炮弹

项目14　虚拟现实游戏的制作（四）

模块添加碰撞器的操作与前文为坦克添加碰撞器类似）。在"Inspector"面板中勾选组件"Is Trigger"复选框，然后将"Shell"拖到"Prefabs"文件夹中作为预制体存在，如图 12-32 所示。

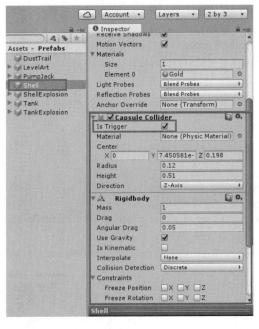

图 12-32　设置"shell"属性

2）炮弹设置结束后，再次为坦克模型添加名称为"Tank Attack"的脚本，用来控制坦克的炮弹发射。脚本编写完成后将脚本拖到"Hierarchy"中的"Tank1"坦克游戏对象上面，完成脚本挂载，挂载效果如图 12-33 所示。

图 12-33　给坦克添加攻击脚本

"Tank Attack"脚本代码如下：

```csharp
using UnityEngine;
using System.Collections;
public class TankAttack : MonoBehaviour {
    public GameObject shellPrefab;
    public KeyCode fireKey = KeyCode.Space;
    public float shellSpeed = 10;
    private Transform firePosition;
    // Use this for initialization
    void Start () {
        firePosition = transform.Find("FirePosition");
    }
    void Update () {
        if (Input.GetKeyDown(fireKey)) {
            GameObject go = GameObject.Instantiate(shellPrefab, firePosition.position, firePosition.rotation) as GameObject;
            go.GetComponent<Rigidbody>().velocity = go.transform.forward*shellSpeed;
        }
    }
}
```

4．炮弹触发模块实现

1）通过标签的方法来检测坦克发射的炮弹触发到的目标物是否为敌方坦克。选中坦克，为其添加名称为"Tank"的标签。如图 12-34 所示，在"Inspector"面板的"Tag"下拉列表中选择"Add Tag"，在"Tags&Layers"→"Tags"下添加名为"Tank"的标签。选中"Hierarchy"中的"Tank1"坦克，在"Inspector"面板的"Tag"为其添加名为"Tank"的标签，如图 12-35 所示。添加完成之后用同样的方式将"Tank"标签也指定给场景中的"Tank2"。

项目 14　虚拟现实游戏的制作（五）

项目 14　虚拟现实游戏的制作（六）

2）将 Prefabs 中的 Shell 炮弹放置在场景中，并为其添加名称为"Shell"的脚本文件，如图 12-36 所示。添加完成之后单击右上角的"Apply"按钮，并将场景中的"Shell"游戏对象删除。在脚本中通过发射的子弹检测标签名称为"Tank"的游戏对象，如果触碰到的物体的标签名称为"Tank"，那么就调用减少血量值的方法，如果触碰到的对象的标签名称不为"Tank"，那么就在炮弹触碰到对象的时候产生特效。

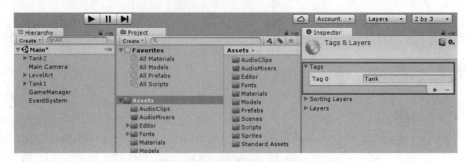

图 12-34　添加标签"Tank"

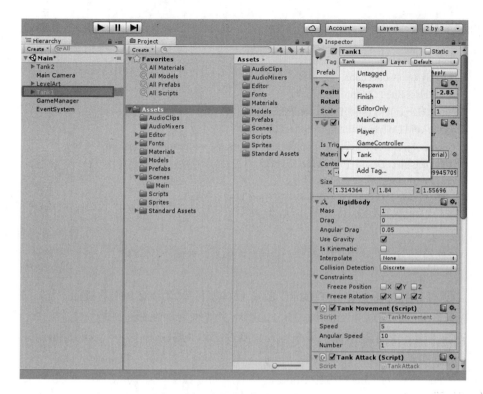

图 12-35　给坦克添加标签"Tank"

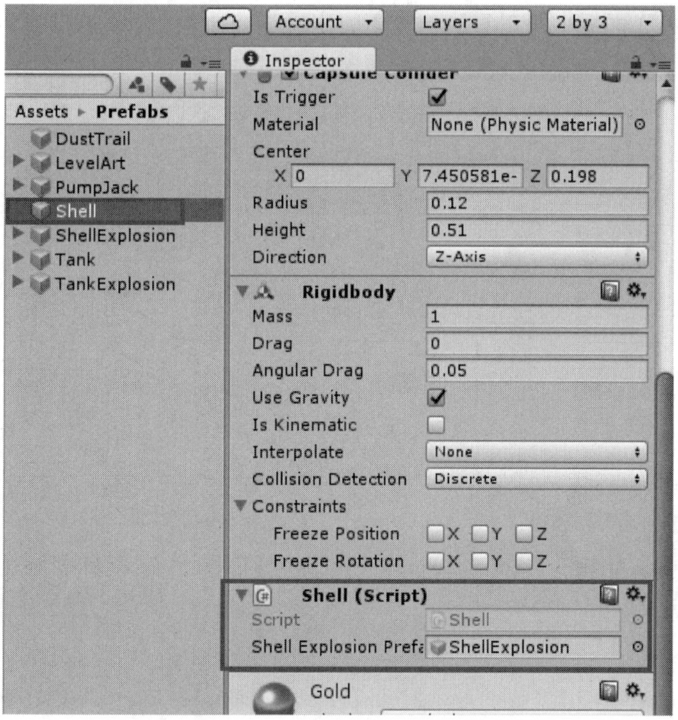

图 12-36　给"Shell"添加脚本

191

"Shell"脚本代码如下：

```
using UnityEngine;
using System.Collections;
public class Shell : MonoBehaviour {
 public GameObject shellExplosionPrefab;
 public void OnTriggerEnter( Collider collider ) {
   GameObject.Instantiate(shellExplosionPrefab, transform.position, transform.rotation);
   GameObject.Destroy(this.gameObject)
     if (collider.tag == "Tank") {
//调用减少血量值的方法（此方法在"Tank Health"类中）
       collider.SendMessage("TakeDamage");
     }
   }
 }
}
```

项目14 虚拟现实游戏的制作（七）

3）当子弹碰到标签名称为"Tank"的游戏对象将会调用减少血量值的方法。在坦克游戏对象上添加一个名称为"Tank Health"的脚本文件来处理炮弹碰到坦克之后的减血效果，如图12-37a所示。为了显示减血效果，在坦克底部用UGUI制作一个UI Slider，用来体现坦克的血量值的变化。在"Hierarchy"面板选中"Tank1"，执行"GameObject"→"UI"→"Slider"菜单命令，为Tank1添加Slider，使其成为"Tank1"的子文件（或在"Hierarchy"下方右击，选择"Create"→"UI"→"Slider"也可添加。单击"Tank1"子文件中的"Canvas"，在"Inspector"面板中找到"RectTransform"的"Rotation"，修改X轴数值为90，此时在"Scene"面板中可以看到坦克下方出现圆圈血量条，如图12-37b所示。

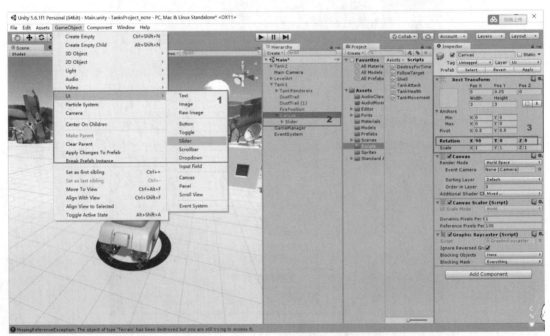

图12-37 给坦克添加血量条和生命脚本

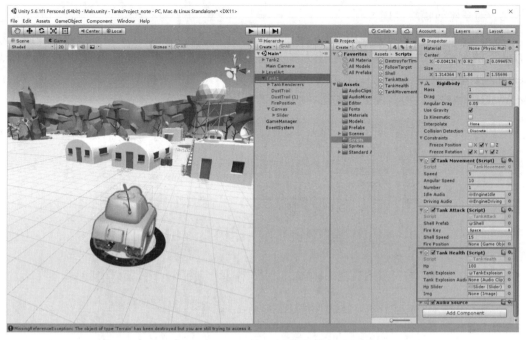

图 12-37 给坦克添加血量条和生命脚本（续）

"Tank Health"脚本代码如下：

```
using UnityEngine;
using System.Collections;
using UnityEngine.UI;
public class TankHealth : MonoBehaviour {
    public int hp = 100;
    public GameObject tankExplosion;
    public AudioClip tankExplosionAudio;
    public Slider hpSlider;
    private int hpTotal;
    // Use this for initialization
    void Start () {
        hpTotal = hp;
    }
    void TakeDamage() {
        if (hp <= 0) return;
        hp -= Random.Range(10, 20);
        hpSlider.value = (float)hp /hpTotal;
        if (hp <= 0) {//坦克受到伤害之后血量为 0 时的效果
            GameObject.Instantiate(tankExplosion, transform.position + Vector3.up, transform.rotation);
//坦克血量值为 0 时产生的爆炸效果
            GameObject.Destroy(this.gameObject);
        }
    }
}
```

项目 14　虚拟现实游戏的制作（八）

193

5. 粒子特效模块实现

场景中炮弹触发到地面和坦克时，都会产生爆炸效果（此内容在子弹发射时碰到标签为"Tank"的部分已讲解。坦克血量值为 0 时，坦克销毁，并产生特效（此内容在"Tank Health"脚本代码中已实现）。在这里需要注意，要将下图中加框的两个粒子特效的"Play On Awake"属性在运行程序之前勾选，如图 12-38 所示。

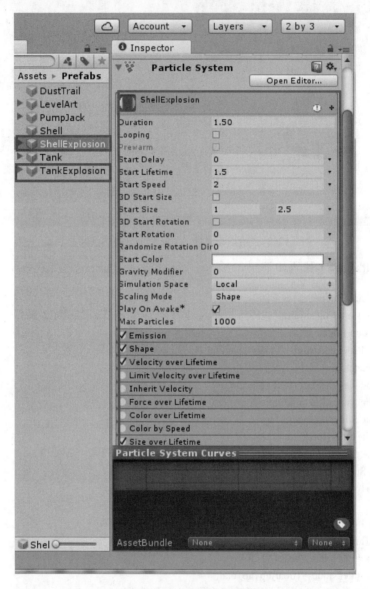

图 12-38　爆炸效果设置

6. 相机跟随模块实现

1）在"Hierarchy"面板中选择"Main Camera"，在"Inspector"面板中将相机的 Projection 属性调整为"Orthographic"，如图 12-39 所示。

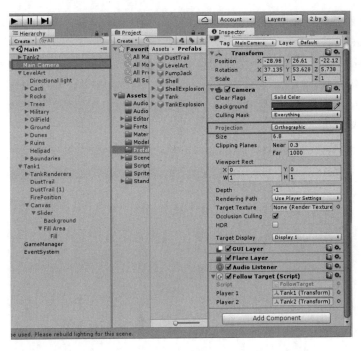

图 12-39　设置相机属性

2）通过代码计算两个坦克的中心点，实现两个坦克的分屏和相机跟随。在"Scripts"文件夹中新建一个名为"FollowTarget"的脚本。脚本编写完成后将脚本拖到"Hierarchy"中的"Main Camera"对象上面，完成脚本挂载。

"Follow Target"脚本代码如下：

```
using UnityEngine;
using System.Collections;
public class FollowTarget : MonoBehaviour {
    public Transform player1;
    public Transform player2;
    private Vector3 offset;
    private Camera camera;
    void Start () {
        offset = transform.position - (player1.position + player2.position)/2;
        camera = this.GetComponent<Camera>();
    }
    void Update () {
        if (player1 == null || player2 == null) return;
        transform.position = (player1.position + player2.position)/2 + offset;
        float distance = Vector3.Distance(player1.position, player2.position);
        float size = distance*0.58f;
        camera.orthographicSize = size;
    }
}
```

【注意】本案例以场景中的一个坦克的制作为例进行讲解。当场景中有两个甚至多个坦克时，制作思路和步骤与此完全相同。

7. 产品的发布

Unity 开发的产品可以通过一次开发实现多平台发布，在此案例中将坦克大战游戏项目发布并运行至 PC 平台。

1）打开授权关卡界面。执行"File"→"Build Settings"菜单命令，勾选场景进行场景授权，如图 12-40 所示。

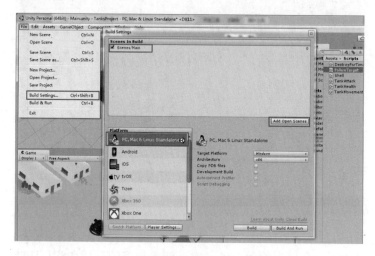

图 12-40 场景授权

2）单击"Build"按钮，发布当前场景，如图 12-41 所示。

图 12-41 发布场景

3）当单击"Build"按钮之后，会弹出资源管理器，在资源管理器中可以选择当前发布产品的保存路径并为发布的产品命名，如图12-42和图12-43所示。

图 12-42　选择当前发布产品的保存路径

图 12-43　发布中

4）发布完成之后，在桌面"TankDemo"文件夹中会生成"Data"文件夹和 tank.exe 可执行文件，可以双击 tank.exe 文件查看发布的产品，如图 12-44 所示。

名称	修改日期	类型
.vs	2016/1/21 20:41	文件夹
Assets	2018/8/22 10:37	文件夹
Library	2018/10/9 16:48	文件夹
obj	2016/1/21 20:41	文件夹
ProjectSettings	2018/10/9 16:48	文件夹
tank_Data	2018/10/9 16:48	文件夹
.DS_Store	2018/8/22 16:31	DS_STORE 文件
Assembly-CSharp.csproj	2018/8/22 9:11	Visual C# Projec.
Assembly-CSharp-Editor.csproj	2018/8/21 12:48	Visual C# Projec.
Assembly-CSharp-firstpass.csproj	2018/8/21 12:48	Visual C# Projec.
tank.exe	2017/5/8 20:33	应用程序
TanksProject.sln	2018/8/19 17:25	Microsoft Visual
TanksProject.userprefs	2018/8/22 17:29	USERPREFS 文件

图 12-44　发布中

【**注意**】如需要将所发布的 EXE 文件复制到其他计算机上运行时，需要将所生成的所有文件（"Data" 文件夹和 EXE 文件）复制到要运行此文件的计算机上。

5）最终效果如图 12-45～图 12-47 所示。

图 12-45　游戏开始运行

图 12-46　游戏运行效果图 1

图 12-47　游戏运行效果图 2

12.4　练习

在所学知识的基础上，尝试完成游戏：捕鱼达人—海底世界。

要求：

1. 根据游戏效果图搭建相机和对象，如图 12-48 所示。

图 12-48 捕鱼达人之海底世界

2. 有 3 种生命值不一样的鱼。
3. 一定时间后结算，达到一定值后成功否则失败。
4. 视角左下角显示剩余时间和视角上方有时间显示。

参 考 文 献

[1] 钟玉琢. 多媒体技术基础及应用 [M]. 3版. 北京：清华大学出版社，2012.
[2] 赵子江. 多媒体技术应用教程 [M]. 6版. 北京：机械工业出版社，2017.
[3] 易中天. 破门而入：美学的问题与历史 [M]. 上海：复旦大学出版社，2005.
[4] 杨辛，甘霖. 美学原理 [M]. 3版. 北京：北京大学出版社，2010.
[5] 刘昌明，赵传栋. 创新学教程 [M]. 4版. 上海：复旦大学出版社，2006.
[6] 前沿电脑图像工作室. 巧学巧用 Photoshop CS2 图像处理与设计 [M]. 北京：人民邮电出版社，2006.
[7] 项春宇. VR、AR 与 MR 项目开发实战 [M]. 北京：清华大学出版社，2018.
[8] 刘向群，郭雪峰，钟威，等. VR/AR/MR 开发实战：基于 Unity 与 UE4 引擎 [M]. 北京：机械工业出版社，2017.
[9] 吴亚峰，刘亚志，于复兴. VR 与 AR 开发高级教程：基于 Unity [M]. 北京：人民邮电出版社，2017.
[10] 胡雅茹. 我的第一本思维导图入门书 [M]. 北京：北京时代华文书局，2014.
[11] 孙易新. 思维导图应用宝典 [M]. 北京：北京时代华文书局，2015.